Por qué cantan los pájaros

JACQUES DELAMAIN

Traducción de Diego Victoria

Colección Naturamque Siquem, 9

Primera edición: mayo de 2025

Título: *Por qué cantan los pájaros*
Título original: *Pourquoi les oiseaux chantent*
Autor: *Jacques Delamain*
Imagen de cubierta: *Pájaro posado sobre un ciruelo en flor (xilografía de Koson Ohara)*
Diseño y revisión: *El Salmón*
Maquetación: *Andrés Devesa*
Traducción: *Diego Victoria*
Revisión de traducción: *Salvador Cobo*
Impreso por: *Kadmos*
ISBN: *978-84-127628-7-7*
Depósito legal: *M-10143-2025*

Para pedidos e insultos:
Ediciones El Salmón
C/Taquígrafo Martí 2, bajo,
03004 (Alicante)
contacto@edicioneselsalmon.com

Índice

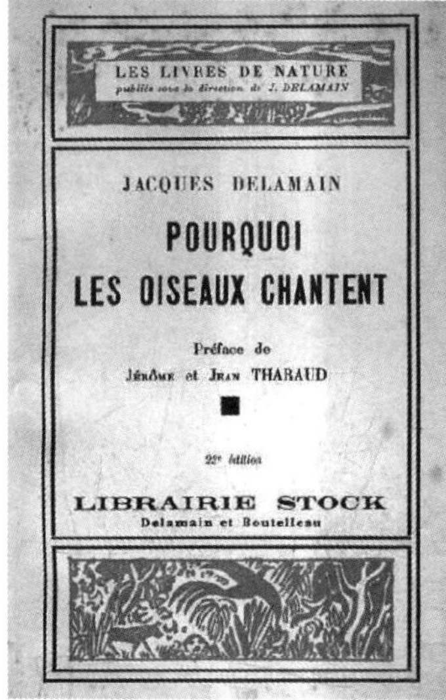

LES LIVRES DE NATURE

publiés sous la direction de J. DELAMAIN

JACQUES DELAMAIN

POURQUOI
LES OISEAUX CHANTENT

Préface de
Jérôme et Jean THARAUD

22e édition

LIBRAIRIE STOCK

Delamain et Boutelleau

Jacques Delamain (1874-1953). A la derecha, la portada de la primera edición francesa, de 1928, de *Por qué cantan los pájaros.*

Nota a la edición

Salvador Cobo

En el momento más fuerte de la tormenta,
hay siempre un pájaro que nos va a consolar.
Es el pájaro desconocido, que canta antes de echar a volar.

René Char

Jacques Delamain, apodado en su tiempo como el «Homero de las aves», está considerado uno de los más eruditos y sutiles ornitólogos del siglo veinte. Miraba los pájaros como nadie. Todas las cualidades necesarias para la ornitología estaban presentes en él: paciencia, don de observación, gusto por la contemplación, inclinación por la meditación. Y nadie habló de ellos como lo hizo él, combinando una erudición excepcional y una escritura sencilla llena de lirismo.

Por qué cantan los pájaros, publicado en 1928, fue el primer libro en revelar los misterios y la gracia de la naturaleza a través de la vida de las aves.

Delamain nació el 20 de diciembre de 1874 en Jarnac, en la región de Charente, al suroeste de Francia. La pasión por la naturaleza estaba muy presente en la familia. Henri, el abuelo de Jacques, era entomólogo. El niño sentía fascinación por las colecciones de caracoles, serpientes, salamandras y mariposas de su abuelo. «Recuerdo, en la casa familiar, un misterioso rinconcito donde, bajo el cristal de marcos superpuestos, se extendían en líneas bien ordenadas conchas de agua dulce blancas o diáfanas y caracoles de todos los colores... Mi abuelo ya había abandonado esta colección por la de lepidópteros. Hombre de amplias miras, interesado por todas las ramas de la historia natural, se había especializado en entomología y a lo largo de su dilatada vida había coleccionado series inestimables de mariposas y polillas de la región de Charente».

Las excursiones y paseos campestres eran también habituales en la familia, con el propósito de fomentar entre los niños el gusto por la observación de la naturaleza. Jacques pudo conocer también a un viejo taxidermista que le enseñó los nombres en latín de animales y plantas, y quien de joven había empezado una colección de pájaros disecados, pero a Delamain matar animales le repugnaba: él habría de convertirse en su guardián y protector. «A pesar del apasionado interés que despertaban en mí, estas colecciones y estas pajareras contenían vidas que habían sido eliminadas o encarceladas... ¿Acaso no merecían todas estas criaturas que fueran observadas en su libre existencia? Fue creciendo así en mí el gusto por el estudio de todas estas especies, movido por el aspecto misterioso de la vida animal salvaje, que tan bien se adapta al juego de las fuerzas naturales de su entorno».

De niño, Delamain se las ingeniaba para convencer a sus padres de que, hiciera el tiempo que hiciera, en verano como en invierno, dejaran siempre abierta de par en par la ventana de su habitación, que daba al jardín y a la noche. Desde las profundidades de su cama, con el oído agudizado hasta el arrebato, el pequeño Jacques aprendió a conocer, reconocer y descifrar los cantos de los pájaros hasta sus variaciones más ínfimas, noche tras noche, con la ventana siempre abierta, como permanecería durante toda su vida.

Tras finalizar sus estudios de bachillerato, Delamain se incorporó a la empresa familiar, la producción de coñac, pero el mundo de los negocios no era lo suyo, y aunque cumplía con su desempeño comercial, era en el campo, en el bosque, donde cada día, armado únicamente de un par de prismáticos, se entregaba a sus ensoñaciones: el mundo de los pájaros. Se había vuelto muy pronto un experto, y su conocimiento enciclopédico de las aves fue rápidamente reconocido en todas partes, encontrándose entre los fundadores en 1929 de *Alauda*, revista internacional de ornitología, órgano de la Société d'Etudes Ornithologiques (SEO).

Fue entonces cuando se convirtió en un ornitólogo literario. Era escritor por accidente, dado que no se trataba de una vocación, y sin embargo, cuando se detenía en describir lo que amaba, se transformaba en un poeta. En aras de expresar lo que constituía la pasión y obsesión de su vida, logró alcanzar un estilo y una música propias de los mejores escritores naturalistas, que plasmaría en varias obras.

Por qué cantan los pájaros fue la primera de estas obras, un libro de referencia para los amantes de la naturaleza. Aparecido en

1928, encontró un gran éxito de público y crítica, obteniendo la mayor distinción de la Academia Francesa, el premio Montyon.

A lo largo de varios capítulos, Delamain nos ofrece las anotaciones de un año entero observando la vida de toda una miríada de pájaros en los bosques y praderas de su región de Charente: el hechizo de la prosa nos permite seguir su vuelo, haciéndonos escuchar sus cantos en diferentes estaciones, desde las migraciones de primavera a las de otoño, desde los tránsitos de la naturaleza a las de las especies, deteniéndose en sus hábitos, en sus amistades y odios, en sus nupcias, en el modo en que construyen sus nidos.

> No se le escapaba ningún detalle: formas, colores, cantos y juegos. Ningún ornitólogo ha descrito con tanta precisión la música producida por la alta burguesía alada, desde el grito hasta el arrullo amoroso, sus variaciones a lo largo de las estaciones, la gracia de su puesta en escena. Nadie ha sido capaz de describir este mundo misterioso, más complicado de lo que se cree, más organizado, más en sintonía con el mundo natural que le rodea. Un cúmulo de observaciones que invitan al silencio, al respeto y a la meditación*.

Olivier Frébourg escribió que el ornitólogo es un viajero inmóvil que observa las migraciones, y así obra Jacques Delamain en este libro, revelándonos maravillosamente las vidas minúsculas que componen el coro de la naturaleza. Nos habla del lugar que ocupan las aves en nuestro entorno, mostrándonos la delicadeza y la fragilidad de sus existencias. Y sin ofrecer una respuesta concreta al título del libro: *Por qué cantan los pájaros*

---

* Françoise Monier, «Jacques Delamain, observateur du monde à travers les oiseaux», *L'Express*, 19 de agosto de 2011.

no termina con un signo de interrogación. No es una pregunta, sino una constatación de gracia y belleza.

Jacques Delamain murió el 23 de febrero de 1953. Su finca en Charente es en la actualidad un refugio para aves custodiado por la Ligue pour la Protection des Oiseaux.

Ha pasado prácticamente un siglo desde que se publicara este libro. Leyendo sus páginas, ¿no parecería acaso que nos está hablando de un mundo hoy casi desaparecido? En las últimas décadas no ha dejado de acelerarse, a un ritmo desolador, la extinción y desaparición de las aves, algunas de las cuales son cada vez más escasas en nuestros campos. Las causas no constituyen un secreto para nadie: urbanización desenfrenada, deforestación, agricultura intensiva, contaminación, uso masivo de pesticidas.

Tal vez haya quienes despachen como mera nostalgia el temor por que nos estemos encaminando a un mundo despojado de pájaros, de sus sonidos y de sus cantos*: es el escenario apocalíptico, la primavera silenciosa, esa distopía en curso de que somos testigos sobre la que advirtiera Rachel Carson en su célebre y tan citado libro. Sin embargo, unos años antes de su publicación, esta bióloga marina que observaba el mundo de los pájaros con la misma devoción con que abordaba el estudio de los mares, nos quiso prevenir contra la insensatez de asumir que este holocausto de la vida animal no sería sin consecuencias para la propia humanidad:

* Miguel Ángel Criado, «Hacia un mundo sin pájaros» y «Esther Sebastián: "Vamos hacia una primavera silenciosa en la que casi no hay sonidos"», *El País*, 19 de septiembre de 2019 y 25 de diciembre de 2022.

> Para muchas de nosotras, este repentino silenciamiento del canto de los pájaros, esta destrucción del color, la belleza y el interés de la vida de las aves, es motivo de un profundo pesar. Para aquellos que nunca han conocido este deleite de la naturaleza tan gratificante, queda al menos una pregunta angustiosa y acuciante: si esta «lluvia de muerte» produce efectos tan calamitosos en las aves, ¿qué pasará con el resto de la vida, incluida la nuestra?*

Esperamos que la publicación de la obra de Jacques Delamain aporte un humilde granito de arena a la toma de conciencia sobre la urgente necesidad de no someter toda la vida natural a la lógica del acero, el silicio y el hormigón; para que este libro no acabe por convertirse en la evocación de un mundo desparecido, y que el día de mañana nuestros hijos no tengan así que escribir «Por qué *ya no* cantan los pájaros».

Y que en el recodo del camino nos sorprenda siempre esa ave desconocida del poema de René Char, que cuando más arrecia la tempestad nos trae consuelo.

* Rachel Carson, *Los bosques perdidos*, El Salmón, 2020, p. 237.

I

Por qué cantan los pájaros

Una mañana de noviembre. Los coros de los pájaros han empezado su dulce susurrar. En el lindero del bosque, en la turbera donde unas estelas de niebla van rezagadas por encima de las zanjas llenas de agua, la banda de los lúganos verdes, llegadas pocos días antes desde los bosques del Norte, hace salir de los alisos un repiqueteo de notas metálicas. Más lejos, en el valle abrigado, una bandada de estorninos llena la copa del álamo con un parloteo a la vez cantado, hablado y silbado, compuesto de todos los rumores de la naturaleza, que estos mimos de manto negro moteado de blanco han recogido en sus idas y venidas entre la llanura y el bosque. Una docena de serines, verdes como los lúganos, pero menores y de pico más corto, dejan filtrar por entre las agujas de los pinos marítimos un hilillo de sonido fino, estridente, semejante al zumbido de los saltamontes. En la vertiente soleada de la colina calcárea, un campaneo de cuentas de vidrio entrechocadas indica la presencia, en el nogal, de la tropa de los trigueros, inmóviles como hojas pardas que el invierno hubiese olvidado en las ramas. Un poco más tarde, a la luz cobriza de los últimos rayos solares, otro coro, tal vez el más claro de todos, el más fresco, el de los pardillos, alegrará el día que acaba.

El pájaro no está nunca totalmente silencioso; criatura sociable, nerviosa, perpetuamente alerta, lanzado al cielo por sus alas, debe comunicarse constantemente con sus semejantes a través del territorio. Es importante que la señal llegue lejos, que penetre en el bosque tupido y atraviese el viento. De las gargantas de múltiples membranas, accionadas por potentes músculos, saldrán sones, diferentes en cada especie, cada uno con su expresión propia. El grito de llamada reúne a la banda dispersada en los rastrojos; vibra a través de la borrasca que azota la costa, para invitar a las gaviotas y a los charranes al festín común, o resuena, agudo y misterioso, para asegurar el contacto entre los migradores nocturnos.

La señal de alarma estalla sonora bajo la acción de la sorpresa, o nace en sordina como cuchicheada cada vez más cerca, ante la amenaza del vuelo del gavilán. La nota de asombro o de cólera que la madre lanza al intruso hace acurrucar a la pollada en el fondo del nido; otras veces, un tumulto en que se mezclan los gritos de desafío y las llamadas al combate nos indica que el mochuelo, descubierto en pleno día en la horca de la rama mayor del olmo, ha provocado las iras de los herrerillos y de los pinzones; otras veces, al surgir el aguilucho, volando a gran altura, su hembra, que estaba cubriendo a los polluelos de blanco plumón, emprende súbitamente el vuelo hacia él, porque ha percibido, antes que ningún oído humano, la vibración aguda con que anuncia que lleva en una de sus garras al roedor que ha de servir de almuerzo a la pollada.

Como todos esos gritos, las voces del invierno no son todavía verdadero canto, sino la expresión de emociones simples, la emanación del espíritu colectivo. La solidaridad de los días malos ha reunido a los pájaros por especies. Juntos han volado a los pastos y dormido en los matorrales o en las tupidas copas de los pinos. El primer rayo de sol, en la mañana fría, ha hecho brotar de sus gargantas las notas alegres con que expresan su sensación de bienestar al tender a la luz sus alas, todavía mojadas por el baño, y su alegría de estar juntos, todos ellos de un mismo plumaje, una misma vida, una misma alma.

En este estado de comunidad, ningún virtuosismo individual. Las colonias permanentes, lo mismo que las bandadas efímeras del invierno, no producen, en ninguna estación, grandes cantores: las de láridos plateados, sobre el peñasco marino en que cada cavidad cobija un trío de huevos pardos, las de gaviotas y de charranes, que agrupan sus nidos en la vertiente de las dunas, no emiten más que clamores. De los viejos muros de la iglesia, donde los gorriones anidan en bandadas, no salen más que píos. El avión común, de blanca rabadilla, que fija por decenas sus nidos en los aleros de nuestras casas, y su prima parda, el avión zapador, que acribilla de agujeritos negros los márgenes de los ríos donde excava sus galerías, no emiten más que un agudo parloteo, pues el espíritu gregario mata al artista. El pinzón, para reanudar en febrero su espléndida estrofa, tendrá que haber roto con la banda de sus compañeros de invierno. La alondra no se elevará cantando en el aire hasta haberse separado de sus hermanas migradoras.

En los más bellos mediodías de febrero los zorzales alirrojos, esos pequeños tordos de flancos rojizos que a la época de la vendimia llegan del norte de Europa y Asia para pasar el invierno con nosotros, se han reunido, inmóviles e invisibles, en los pinos que les recuerdan los bosques nativos. Es un coro de voces líquidas y cristalinas. Pero un poco más tarde, un día de marzo, cuando ese coro se ha apagado, una nota patética y grave, repetida cinco o seis veces, lo prolonga con acento nuevo. Es el esbozo del canto nupcial del zorzal alirrojo macho. Por la tarde, en la luz rosada, posado sobre una rama de acacia, aislado de sus compañeros dormidos en el monte bajo, volverá a oírse su cantar todavía con voz un poco ronca.

Incluso en mitad del invierno, en efecto, algunas de nuestras especies sedentarias presienten el anuncio del cambio en la naturaleza hostil. A partir de diciembre, en las mañanas tibias, cuando sopla el viento del Oeste, que aviva los musgos y los líquenes, el gran tordo del muérdago, el zorzal charlo, lanza al viento su frase deslumbrante y breve, que suena como un desafío. Hacia Navidad los silbidos, ya sostenidos, ya agudos y cortos, del trepador, delatan la agitación de este pajarito de color de pizarra, que trepa por el tronco de los árboles con el ruido seco de las patas que se agarran a la corteza. Los tres golpes precisos y sonoros, como martillazos sobre un yunque claro, del carbonero se adelantan algunos días a la acompasada y estridente voz del herrerillo: apenas son cantos, pero tan cargados ya, en lo más riguroso de la estación fría, de todo lo que van a traer los días bellos, que ningún canto primaveral nos parecerá más dulce. De la mata de aulaga florida y salpicada de nieve sale el trino precipitado del chochín, tan fuerte y vibrante que asombra ver surgir a un minúsculo pajarito pardo, que huye al ras del suelo helado, sostenido por unas breves alas redondas. El seto despojado tiene su canto de invierno, dulce, un poco triste: el del acentor común. La alondra deja caer desde lo alto, sobre las tierras baldías ayer todavía blancas, el torrente gozoso de su canción, y como acompañamiento inevitable y encantador se oye modular la voz del petirrojo, incansable y clara. La noche helada de enero tiene también su canto: el estribillo primitivo y salvaje del gran cárabo, articulado a veces cual doloroso grito humano.

¿Por qué esos cantores de invierno, cuando creemos a la naturaleza dormida? Es que entre ellos el impulso amoroso, que puede dormitar, pero que no falta nunca totalmente, despierta. Adaptadas a los inviernos de nuestros climas, esas especies han escapado a las necesidades de la migración lejana, que dispersa a los viajeros a través de los continentes. Para los unos, como los herrerillos, la bandada de invierno se ha dispersado muy pronto: el macho y la hembra, hasta aquí confundidos en el grupo vagabundo, han reanudado la vida en pareja. Entre los otros, la pareja no se ha separado nunca. Sin duda no ha llegado todavía la hora de la pasión, cuando la hembra, con estremecimiento de alas, llamará a su compañero para el apareamiento. Pero la intimidad, la ternura, ligan ya a los esposos. Juntos andan errantes todo el día en busca de sustento, y al anochecer, juntos encuentran cobijo en el mismo enebro, el mismo tronco de árbol hueco o la misma mota de tierra.

Pero he aquí llegada la hora de la gran fuerza animadora. Tímida al principio y vacilante, se hace más imperiosa a medida que los días van siendo más luminosos y templados. Hasta aquí los dos sexos poseían los mismos gritos de llamada y de alarma, la misma nota de alegría. Ahora la aportación del nuevo vigor, que las hembras van a acumular silenciosamente en sus reservas vitales —pues todo debe estar en ellas consagrado a la realización próxima de la obra maternal—, flameará entre los machos en actividad de lujo, en fuerza y belleza de voz, en brillantez de plumajes, en danzas extrañas o frenéticas. Así se proclamará el despertar del deseo, la espera del apareamiento.

El canto no es solamente el himno a la amada. Traduce también las emociones complejas y múltiples que el macho, bajo la influencia imperiosa o latente de la pasión que le levanta por encima de sí mismo, no puede encerrar ya en un simple grito: afirmación de sí, de su vigor y de su belleza, de su alegría de vivir y de su lugar en la naturaleza. Así, a la menor sospecha de una presencia extraña, la buscarla llena los cañaverales con el tumulto de su estrofa irritada y fanfarrona. Guardián de su cantón, el petirrojo da a conocer a todos, en frases variadas hasta el infinito, que el terreno es suyo y que no piensa dejarlo. En efecto, el cantar, para el pájaro, es también lanzar un desafío. A la vista de las tímidas hembras, los rivales se hacen frente con la voz. De la copa de un árbol a otra, los pinzones machos se arrojan sin cesar, como si quisiesen el último suspiro del adversario, su estribillo triunfal. Entre las matas de espino blanco, dos ruiseñores, cara a cara, se escuchan cantar por turnos, como si buscasen desentrañar el secreto que hace más bello el canto. Por encima de las praderas y de los bosques sube así, espléndida o discreta, dulce o áspera, la jactancia de los machos, que se repite cada poco. En los límites de los parajes que habita la especie, donde la lucha por medio de la voz se atenúa entre los rivales aislados, el canto pierde su fuerza y su belleza.

En efecto, esta belleza no es primitiva: descendientes de los saurios por el fósil alado de cola de lagarto, el arqueópterix, los pájaros, que del fango de los pantanos de la era mesozoica han ganado la tierra firme y después se han elevado por los aires, conservan en su voz los vestigios del croar de sus antepasados. Incluso entre los mayores artistas, reaparece por momentos la mancha atávica. El ruiseñor interrumpe sus estrofas más bellas con un «carr» que parece salido del flácido gaznate de un sapo. En cuanto al mirlo, el defecto en el metal precioso, la nota gutural, se encuentra al fin de la frase silbada; en el tordo, resbala en tonos duros y ásperos entre las cadencias más puras. El zarcero políglota hace empezar su canto con tres notas sordas. La cascada sonora de la alondra, la canción íntima y dulce del camachuelo, la clara y argentina del pardillo, acusan todas en algún momento la tara original.

Cada año, al llegar la primavera, el pájaro se esforzará en depurar su canto de la escoria primitiva. Cuanto mayor es el artista, más dura es la tarea. Durante semanas, su garganta tendrá que ejercitarse, pero cada día las notas saldrán algo más puras. En enero, en los atardeceres dulces, antes de la puesta del sol, el mirlo estudia; hacia el mismo tiempo, la alondra, en breves vuelos, deja caer algunas briznas de canto. A su vuelta al país de los nidos, en marzo y abril, el ruiseñor y la curruca capirotada son aprendices que buscan los acentos del año anterior. El macho joven que canta por primera vez tiene que recordar la voz paternal, que el año pasado escuchaba acurrucado todavía en el fondo del nido. Es así como se afirman el temperamento y el virtuosismo individuales, en su esfuerzo hacia la perfección. Bajo la uniformidad aparente de las frases, de las cadencias, del timbre, de una misma especie, nada hay más plástico que el canto del pájaro. Al lado de cantores modestos, se revelarán grandes solistas. El ambiente tendrá a veces una influencia degradante. El mirlo o la curruca capirotada, criados en la vecindad de los marjales, mezclarán a sus notas habituales las roncas y entrecortadas del carricero. En otras partes, en cambio, se establecerán focos de bella y pura tradición.

Innumerables especies se elevan apenas en su canto por encima del grito. El amor suaviza, a partir de enero, el croar de la corneja, y da al áspero parloteo de la urraca un tono de confidencia. Bajo su influencia, las notas estridentes del ave de presa adquieren una resonancia nueva: el cernícalo, en sus círculos planeados de febrero, y la lechuza, con su vuelo rapaz a la hora del crepúsculo, lograrán estridencias casi musicales. Pero en estas voces el arte falta por completo. Para captar la evolución ascendente del canto, desde el grito primitivo, hay que seguir la serie de parajes donde el pájaro ha vivido a través de las edades; hay que pasar del océano, cuna de toda vida, al limo de los estuarios, al lago de agua dulce, luego a la vegetación de las llanuras, y, finalmente, al bosque. El mar no tiene cantor; su extensión, el rumor de su oleaje, la dura existencia que impone a los seres, ahogan el esfuerzo artístico y no permiten más que el grito de las gaviotas o la áspera llamada de los araos, de los petreles y de los pingüinos. Pero ya cuando se suaviza en sus caletas menos ásperas, en los cenagales que forma en las bahías o entre la hierba de las dunas, aparecen animales graciosos de afiladas alas y pujante vuelo, que han hallado expresión musical: la llamada aflautada de las tringas, la extraña queja del zarapito real, las notas armoniosas del chorlitejo patinegro, o el trino, que se aproxima ya al canto, de los correlimos de patas rojas.

Más lejos todavía, en la extensión abrigada de los marjales donde tantas especies, zancudas o palmípedas, no emiten más que sonidos nasales o metálicos, las cercetas cuchichean en silbidos suaves, y por vez primera un verdadero canto aparece: el del gran pájaro blanco, el cisne silvestre. Su voz fuerte, que abarca toda la octava, resuena triunfal y tierna sobre los lagos de Islandia, cuando su largo vuelo plateado le lleva junto a su compañera que empolla sobre el gran nido de hierbas secas. Oír ese canto, dicen los campesinos de allí, es olvidar todo lo que se sabe y recordar todo lo que ya no se sabe. Pero el cisne es una criatura excepcional. Desdeña las prudencias de la coloración protectora y sobrepasa al pueblo alado de las aguas por su fuerza y su belleza; de entre sus parientes próximos, los gansos y los patos, sólo él está dotado de una voz musical.

Para encontrar la comunidad de los verdaderos cantores, hay que llegar hasta los márgenes del arroyo, a la pradera que sube en suave pendiente por el cerro, al seto que bordea el campo de cereales, al oquedal. Allí viven, aman y cantan los paseriformes: los fringílidos de pico cónico, las alondras y los bisbitas terrosos, las esbeltas pajaritas de las nieves, las currucas y los tordos de sobrio plumaje y rica voz, y tantos otros, tribus últimas provenientes de la gran familia alada, las más evolucionadas y las mejor dotadas, pues tienen no solamente los cantos más bellos, sino también los más hermosos nidos.

Junto a todos ellos, viviendo en los mismos lugares, las pesadas gallináceas, perdices, faisanes y urogallos, aferrados a la gleba, apenas han sabido modificar su canto. Y es que el artista necesita liberarse de la esclavitud demasiado grande del suelo. Necesita el impulso ágil, la ascensión ligera hacia el punto elevado de donde las notas caerán más claras y llegarán más lejos. Sólo en pleno vuelo, sin más sostén que el aire, cantan las alondras y los bisbitas pratenses. Entre los demás paseriformes, la rama del árbol, la ramita del arbusto o el frágil tallo de la planta herbácea sostienen al cantor. A todos, ya vivan de semillas o de pequeñas presas vivientes, el bosque o la pradera, al proporcionarles alimento abundante y fácil, les asegurarán los ocios indispensables al desarrollo de sus voces.

El arte musical nace de la satisfacción que experimenta el ser en traducir su vida en sonidos. A la moscarda verde que zumba le gusta el ruido de sus alas; la cigarra, en el éxtasis de su vibración, olvida al enemigo que la acecha. El pájaro goza de la nota que su propia garganta modula. Pero si llega hasta el arte es porque, dotado del sentido de la belleza, ha sabido entre sus notas escoger las más claras, las más puras o las más llenas, ligar unas con otras, encontrar el ritmo, componer la frase, transponer los tonos, llegar así hasta la música pura y del grito hacer brotar un canto. Es la búsqueda de la belleza lo que en el arte del pájaro nos conmueve. Nosotros comprendemos e interpretamos su esfuerzo estético; la canción de la alondra se convierte para nosotros en la expresión de la alegría valiente y serena; en las estrofas del ruiseñor encontramos un acento fervoroso.

Incluso entre los paseriformes, el canto, antes de alcanzar belleza, vacila y tantea. Muchas especies no tienen más que una sola nota, apenas distinta del grito. El escribano soteño, posado sobre la mata de espino, cecea incansablemente su única sílaba. Sus primos, el escribano cerillo y el escribano hortelano, han encontrado la frase simple, monótona al principio, pero que se despliega al final en una clara nota sostenida. El pinzón la amplifica en su estribillo preciso, en crescendo sonoro. El pardillo y el jilguero la prolongan y la rompen en un recitado musical bastante confuso, pero espontáneo, ingenuo y puntuado con frescas exclamaciones. La alondra varía sus combinaciones, compone, improvisa y, a base de la más sencilla trama musical, alcanza a veces el verdadero arte. Con un timbre más pleno, las currucas juntan sus notas en cantos alegres, limpios, algo fáciles. Una de ellas, la curruca capirotada, en su bella frase sonora y ampliamente rimada, que lanza a plena voz, hace presentir ya la familia de los maestros, la de los túrdidos o tordos, que da, en nuestros climas, cuatro grandes artistas: el mirlo, el zorzal común, el ruiseñor y el petirrojo.

El primero, el pájaro negro de pico amarillo, rey de los setos, anima nuestros campos, en cuanto el invierno se suaviza, con su estrofa de tonos aflautados y llenos. La frase es algo breve, pero rica y bien ligada, la cadencia es bella, su elaboración fácil, líquida, serena. En el timbre rimado de sus notas claras, rápidas, imprevistas, el zorzal encierra toda la alegría de vivir, la vehemencia caprichosa y alegre, y el himno que sale de su pecho rojo tachonado de negro es el más fresco que se escucha en los comienzos de la primavera. Un poco más tarde, en abril, el ruiseñor despliega, en su canto nocturno, sus acentos apasionados, ardientes y sinceros. Este posee todos los recursos del arte: en una veintena de estrofas diferentes, acumula sus notas ricas y plenas, las liga, las opone, las repite. Apenas ha callado, a las primeras luces del alba, cuando el petirrojo deja oír su voz de modulaciones infinitas; está llena de matices, su tema varía sin cesar, sucesivamente al diapasón de todos los cantos, de todos los gritos de la naturaleza, y resulta tan difícil de captar en sus saltos imprevistos, que ese pajarito pardo de pecho color de herrumbre puede cantar muy cerca de nosotros sin que lo notemos.

Mas he aquí la vida emotiva del pájaro llegada a su culmen: bienestar, alegría de existir, felicidad de sentirse en su lugar en el rincón de la naturaleza escogido, de poseer el territorio frente a la codicia rival, deseo y posesión de la compañera. El canto, válvula liberadora de una plenitud vital que el pájaro no puede contener, lo emite el macho en actitudes a menudo extrañas, ya frenéticas, ya extáticas, que delatan la agitación profunda de su ser y lo transfiguran. Los escribanos, posados en las últimas hojas del arbolillo, echan la cabeza atrás, en una actitud de éxtasis. El jilguero, pendientes las alas, menea su cuerpo de un lado a otro sobre el eje de sus patas frágiles. La abubilla, con un gesto grave a cada uno de sus «pu-pu-pu», saluda desplegando su cresta. La tarabilla, dejando su observatorio situado sobre el encorvado tallo de la zarza, se mantiene en el aire por la agitación rápida de sus alitas, como si estuviera suspendida a un hilo invisible, mientras desgrana su cancioncilla ácida. La curruca zarcera se lanza por encima de la mata de rosal, piruetea en el aire y vuelve a caer para terminar su estrofa en la espesura. El serín, el verderón y el pardillo, de vuelo normalmente breve y como a sacudidas, resbalan ahora en el espacio, ampliamente desplegadas las alas, con suavidad de murciélago. Y durante su serenata amorosa, el urogallo, olvidando el peligro, no oye el crujir de las hojas de abeto al paso del cazador.

En mayo y junio, las largas horas soleadas no bastan ya a ciertos cantores del día para expresar la intensidad de la vida que les anima. Mucho después de que se haya puesto el sol, el tordo, el petirrojo, la tarabilla, se dejan oír todavía, y hasta por la noche el cuco llama en el bosque. Es entonces cuando la totovía, el único pájaro que canta en pleno vuelo en la oscuridad y que, sin embargo, es hermano de esas alondras que se embriagan de sol, deja a veces caer desde lo alto, hacia medianoche, su canción exquisita.

En julio, una a una, las voces se apagan. Hay que atender a los pequeñuelos; las idas y venidas de los padres entre el nido, donde se abren sin cesar los picos exigentes, y el árbol o la pradera, no dejan tiempo para el canto. Y después se acerca la gran crisis anual del pájaro, la de la muda. Cada pluma, gastada por la vida activa del verano, es sustituida por una pluma nueva, menos brillante y más cálida que aquélla.

En agosto, un gran silencio reina sobre los bosques y los campos; solamente el piar de los jóvenes o los gritos furtivos de llamada se dejan oír todavía en la naturaleza abrasada por el sol. La atracción del Sur, de los países de invernada, agita oscuramente a nuestros visitantes de verano; los primeros migradores, el cuco, la abubilla, la oropéndola, se van ya.

Abril, y sobre todo mayo, han conocido el apogeo de los cantos, y, sin embargo, tal vez en ningún momento el encanto de las voces es tan sutil como en las noches de fin de junio, cuando un poco de lasitud aparece ya entre los cantores. La jornada ha sido cálida. Bajo el sol de mediodía, la frase monótona y arrastrada del escribano hortelano ha resonado sola en las viñas inundadas de luz. Con la brisa del atardecer, se han reanudado los sonidos. Luego, conforme el día declinaba, el parloteo confuso de las vocecillas sin arte se ha ido apagando. El ruiseñor ha cantado todavía, a estrofas entrecortadas, sin convicción. Luego la oropéndola ha silbado una última vez. Otras voces, después de la suya, han subido de la paz de la tarde, discretas, raras, como impregnadas de noche y de silencio. Un mirlo ha entrado en escena por unos instantes; su silbido grave, aflautado, ha venido de un rincón de sombra, masa de follaje donde la luz ya no penetra. Un segundo, y luego un tercero, le responden. El tordo parecía estar esperando a que hubiesen acabado para decir a su vez su canción dispersa. Unos cucos, a lo lejos, han repetido la doble nota familiar, que adquiere a estas horas una poesía extraña. Después, al aumentar la oscuridad, el petirrojo, en dos o tres veces, lanza su pequeña nota, un «tac-tac» que hace pensar ya en las tardes de otoño. Finalmente, un ruido extraño, con el chirrido de una rueca al girar, ora cerca, ora lejos: es el canto de un pájaro de ensueño, el chotacabras o engañapastores, cuyo vuelo silencioso puebla los claros del bosque en la hora indecisa.

II

La migración de primavera

A lentas oleadas, apenas sensibles, la primavera va despertando nuestras llanuras: son unos días dulces, tan puros, tan prometedores, que ni siquiera los vergeles de abril podrán hacernos olvidar este primer ascenso del sol en el cielo; más tarde tendremos todavía retornos ofensivos del invierno, borrascas del viento de mar, nieves del Nordeste, aguaceros. Los pájaros han comenzado su migración.

Más al Norte, en las grandes extensiones árticas, límite extremo que sus vuelos viajeros alcanzarán por etapas, la superficie de la nieve se ablanda un poco y la bruma suaviza el cielo de acero. Aquí tenemos ya la tierna vegetación de las praderas. Sobre el pardo aterciopelado de los bosques, aquí y allá, un espesor de sauces, un abedul, han puesto la mancha clara de sus hojas nuevas. Más lejos, en el valle, las yemas henchidas de savia desdibujan las copas de los grandes álamos. En los setos están engarzados los colores de tres estaciones: el rojo de las bayas otoñales del espino, el blanco marfil de las flores del ciruelo sobre la trama negra del ramaje enredado, que el invierno ha despojado. Las primeras mariposas salen en los días de sol: la ortiguera y la olmera, de alas cubiertas con sus bellas escamas, y la bella cleopatra de color amarillo azufre, matizado por bermellón. Al atardecer, cuando sopla el viento del Oeste, el sapo verdoso, el llamado partero, aficionado a agazaparse bajo las piedras, lanza su «cloc-cloc» sonoro. En los melocotoneros, en medio del zumbar anónimo de las abejas, un gran zángano negro, el abejorro carpintero de alas ahumadas, deja colgar pesadamente de las flores rosadas su coselete negro de violáceos reflejos.

En esos días, en que el empuje vital es todavía contenido y vacilante, una mañana tranquila, a primera hora, surge en el Sur un punto negro sobre el gris horizonte: los gansos silvestres. Pasan tan alto, a veces, que apenas se distinguen las grandes alas, tendidos los largos cuellos. La pequeña bandada se desliza por encima de nuestras cabezas y desaparece hacia el Norte. Después vienen, en plena noche, con sus gritos roncos, las grullas cenicientas, que toman la misma dirección. Otras veces es la queja extraña, desesperada, del zarapito. Y esta línea sinuosa de los gansos, esos gritos en la sombra, esas alas infatigables que cada año en la misma época atraviesan los grandes espacios, evocan el misterio de las antiguas edades del mundo, de las fuerzas primitivas a que los seres obedecen ciegamente.

Más cerca del suelo, nuestras especies llamadas sedentarias han llevado ya muy adelante sus arreglos domésticos. Los cantos han estallado por todas partes. El petirrojo, solitario incorregible de los meses de invierno, que rechazaba a su compañera del verano pasado si se aventuraba a entrar en su retiro, ahora la llama y le trae una lombriz de tierra. Los herrerillos y los carboneros, visitan, por parejas, los troncos de los árboles huecos. El zorzal charlo, túrdido del muérdago huraño e intrépido, cobija ya, bajo las plumas de su pecho moteado, los cuatro o cinco pequeños de su primera pollada. El mirlo negro y el zorzal común, los dos grandes cantores de esta naciente primavera, han escogido sus consortes. Las urracas, en innumerables conciliábulos rumorosos, han repartido sus parejas. Sobre los rastrojos y los surcos recién abiertos o en las viñas en que poda el campesino, las bandadas de verderones y de pardillos se dispersan por parejas. El pinzón, después de haber balbuceado mucho tiempo, desgrana ahora su estrofa triunfante. En los marjales, los patos silvestres han escogido su retiro nupcial, y del cañaveral descolorido por el invierno se ven salir volando dos siluetas: el hermoso macho de cuello verde, en traje de boda, y, delante de él, su hembra de agrisada librea.

Esas especies, y otras más, no nos han dejado en invierno. Y, sin embargo, también ellas han sufrido la influencia de la fuerza migradora. Su viaje ha podido no ser más que desde la cumbre del monte a su base, de la colina al valle próximo, del bosque a la llanura, del estanque al arroyo que corre a través del bosque, henchido por las lluvias de febrero. Pero todas o casi todas se han movido, impulsadas por esa necesidad de cambio que se halla en lo más profundo de todo ser animado. E incluso son esos viajeros tímidos y caseros quienes nos brindan las primeras manifestaciones de un instinto que empujará a los grandes migradores a atravesar los continentes y lanzará a los chorlitos dorados por encima de los mares para hacerles sobrevolar medio mundo dos veces al año.

Sin duda esa fuerza es compleja, oscura, y sus elementos son múltiples. Porque el pájaro es, en diversos grados, un perpetuo errante que oscila entre dos polos de atracción: el rincón de tierra natal, patria de las bodas y del nido, al cual le liga una memoria imborrable, y el terreno de pasto, fuente necesaria de su subsistencia. Para pasar del uno al otro dispone de dos alas, que no conocen ni el obstáculo de las montañas ni el de los mares, así como de su extraño sentido de orientación.

Ese país natal y ese terreno de pasto, nuestros sedentarios de desplazamientos reducidos los encuentran en ocasiones vecinos e incluso confundidos. El invierno de nuestras regiones templadas, que mata o entumece a los insectos, va a separarlos uno de otro para las especies que viven de presas blandas. Las parejas que anidan muy hacia el Norte verán incrementada la distancia intermedia por la larga estación fría que cubre de nieve la tierra nutricia y de hielo las costas donde rebulle la vida marina. El espacio, breve o inmenso, que media entre la cuna al Norte y la región de la abundancia al Sur, tendrá que franquearlo el pájaro todos los años, a la ida y a la vuelta. De esta manera se creará el hábito. La amplitud de ese vaivén variará con el alternar, en el curso de las edades, de las épocas glaciales que, durante millares de años, llevarán las nieves perpetuas hasta los Pirineos, y de los periodos cálidos que cubrirán a Francia de una fauna y una flora tropicales. Pero siempre habrá, hacia el Norte, cuando a los hielos sucedan las lluvias cálidas, una zona en que volverá a ser posible la vida, un vacío zoológico que colmar; y siempre habrá, en el Sur, un exceso de vida que desbordará hacia los espacios liberados. La indefinida repetición de ese ritmo pasará en forma de instinto al patrimonio hereditario de la especie. Las rutas de migración, escogidas con preferencia paralelas a las costas, se modificarán de acuerdo con la configuración, variable a través de los siglos, de los continentes. Y dos veces al año, por esos caminos invisibles, hacia el Norte en primavera, hacia el Sur en otoño, la poderosa llamada arrastrará a los migradores.

Ahora esa gran fuerza atrae hacia las tierras bálticas o escandinavas a aquellas especies peculiares del Norte que han venido a pedir abrigo y sustento a nuestros inviernos moderados: el zorzal alirrojo, mirlo pardo de costados rojos que nos había llegado cuando la vendimia; el zorzal real, el más bello de los tordos europeos, gris ceniza y castaño oscuro, aquel cuyo «tia-tia-tia» ha resonado todo el invierno en los álamos de nuestros valles; el pequeño lúgano verde, cuyas bandadas alegres exploran los sauces; el pinzón real, negro, lustroso y leonado. Estos y muchos más; pájaros de pantano, de playa o de mar, que ayer estaban con nosotros, desaparecen poco a poco.

Poco antes de su partida, a lo largo de las costas mediterráneas, y hasta más allá del ecuador, el instinto de migración ha puesto en movimiento, lentamente, por capas de especies y por olas sucesivas, ora pausadas y regulares, ora retardadas y fragmentadas por el temporal, a nuestros visitantes de verano, aquellos que van a poblar nuestros bosques y nuestros jardines. Por etapas, durante semanas, viajando sobre todo de noche o muy de mañana, acortando la travesía del mar por las penínsulas de España y de Italia, afrontan el largo viaje, los peligros de la tempestad y del ave de presa, los lazos tendidos por el hombre. Es la prueba suprema de resistencia que aclarará las filas, eliminará a los débiles y no dejará, para la reproducción de la especie, más que a los fuertes, los hábiles o los afortunados. Casi siempre los machos han partido antes, con una decena de días de ventaja. Importa que allí, en el país natal, en el Norte, a la llegada de las hembras ellos hayan elegido ya los lugares donde se fijarán las parejas: antes de la época de las bodas, la preparación de la morada, el jalonamiento del terreno de caza. En muchas especies los esposos del año pasado volverán a encontrarse en el sitio familiar, y esta doble fidelidad al lazo conyugal y al lugar natal durará hasta la muerte.

El primer visitante de verano que nos llega de las costas mediterráneas es una pequeña curruca de plumaje verdepardo, el mosquitero. En un día soleado de febrero, en los linderos del bosque o en las lilas cuyos capullos se hinchan ya al abrigo del muro del jardín, el minúsculo pajarito oscuro explora ligeramente las ramas desnudas. Su solo canto, «zip-zip-zip», de bien destacadas sílabas, repetidas sin fin, ha hecho que se le llamara «cuentaescudos». El año es tan nuevo todavía, los árboles están tan desnudos, el viento es tan frío, que resulta difícil ver en él un mensajero de la primavera. Su primo, el mosquitero musical, más claro, de silueta más fina, sube algo más tarde que él hasta los bosques de Isla de Francia, repitiendo de camino aquella estrofa iniciada por una nota de alegría y terminada en un cansado lamento que resonará todo el verano en el monte bajo. Después es otra curruca, la capirotada, tan oscura de color en su ropaje ceniciento, tan brillante por su voz pura y ligera, la que alegrará los jardines, incluso los humildes que se esconden en el corazón de las ciudades.

Una mañana de fin de marzo, entre los brezos, sobre la arena fresca que recorre con paso grave un pájaro extraño, de largo pico curvado, despliega repentinamente en abanico, si le sorprendéis, la cresta roja que tenía bajada sobre la cabeza y dos alas admirables donde alternan anchas bandas blancas y negras: es la abubilla, que huye de las tierras africanas que el sol va a endurecer para pedir a nuestros suelos más húmedos el gusano o la larva que irá a buscar bajo el musgo y en el suelo.

Finalmente, uno tras otro, en los primeros días de abril y como para confirmar un anuncio del que los aguaceros nos hacían dudar todavía, nos llegan dos grandes mensajeros: una pequeña golondrina, el avión común, y el cuco. ¡La primera golondrina! ¡El primer cuco! Desde que la humanidad, al abrigo de las cavernas, quiso escrutar el horizonte para captar en él los signos del tiempo, ha hecho de esos dos anunciadores los emblemas de la alegría, de la luz y la abundancia, al salir del frío y de la noche. La golondrina viaja en etapas diarias desde el fondo del continente negro y de las Indias, seguida de cerca por su hermana de blanca rabadilla, el avión, que construirá la copa cerrada de su nido de barro bajo los aleros de nuestros tejados. El cuco, pájaro parásito de amores equívocos, lejano viajero de África y de Asia, goloso de esas orugas aterciopeladas, las procesionarias, que acaban de salir precisamente en largas hileras de sus nidos sedosos en los pinos, lanza al llegar en la madrugada gris, su doble nota burlona. Y en la misma época, a pares o en pequeños grupos, desde los pantanos ecuatoriales, la cigüeña blanca sube hacia las tierras lejanas.

Otros migradores se apresuran, y ahora, todos los días, una nueva sorpresa, un nuevo encanto, esperan a quien sabe ver el vuelo furtivo de las alas pardas, leonadas o grises en los setos que verdean, y sabe escuchar y reconocer las llamadas familiares. Una mañana es el ruiseñor, y todos los cantos que nos habían embelesado hasta ahora parecen agrios y bruscos comparados con esta voz que, sin embargo, por ahora no hace más que balbucear; luego es el colirrojo tizón de muralla en su suntuoso plumaje de bodas, pecho y costado cobrizos, vestido gris azul, garganta negra y frente blanquísima. Su primo el carbonero, que deja caer, desde lo alto de las viejas piedras de las iglesias y de los muros de las ciudades devastadas por la guerra, la pequeña cascada cristalina de su canción, le ha llevado unos días de ventaja. Mañana la lavandera cascadeña, sin dejar de mover nerviosamente su cola, se colará entre las verdes matas de hierba de las praderas ribereñas; el bisbita arbóreo se dejará caer en paracaídas desde el árbol aislado en el claro del bosque, cantando con toda la fuerza de sus pulmones, abiertas las alas; la curruca zarcera cuchicheará invisible en la espesura del seto. Después, volando a gran altura, aparecerá el pájaro negro, el vencejo, cuyas bandadas chillonas revolotearán hasta agosto en torno de los edificios: pujante velero al que sus delgadas alas llevan sin esfuerzo hacia nuestras comarcas desde el Cabo de Buena Esperanza y de Madagascar, verdadero rey de los aires, tal vez el único de los pájaros que puede, como la abeja reina, celebrar en pleno vuelo el rito nupcial.

Entonces, hacia fines de abril, y como si esperase el brusco estallido de las primeras hojas cobrizas de las encinas para ocultar en ellas su plumaje demasiado brillante de pájaro tropical, la oropéndola, de plumaje amarillo ardiente y negro profundo, lanza su llamada aflautada y triunfal.

Otros vendrán, en masa, alcaudones de color tierno y hurañas actitudes, currucas mosquiteras, currucas mirlonas, carriceros, papamoscas, después el chotacabras, extraño pájaro oscuro que anima con su vuelo aterciopelado nuestros crepúsculos estivales, luego la tórtola, hasta que una bandada retrasada, la de los correlimos, que marcha apresurada hacia el extremo Norte, vuela por encima de nuestros estuarios y nos anuncia que allá arriba, en las tierras árticas, el sol ha hecho retroceder los hielos hasta sus límites extremos. Pero ninguno de esos recién venidos, en los follajes ya endurecidos, podrá hacernos olvidar la llegada de nuestros primeros mensajeros de primavera entre los ramos todavía desnudos, ni el trazo de oro del vuelo de la oropéndola entre los troncos negros de los robles.

III

Amistades, odios

Existen, entre grupos de seres diferentes, atracciones o repulsiones que a menudo nos parecen misteriosas, inexplicables: esos sentimientos amistosos u hostiles, que hay que considerar bajo su aspecto colectivo, puesto que aquí el individuo queda anegado en la masa, tienen, sin embargo, sus razones profundas, pues a la naturaleza, podadora despiadada, no le gustan los brotes superfluos ni los vástagos inútiles: la amistad desinteresada, el odio sin raíces vivas, son abominaciones que no deja que se desarrollen.

¿Es posible llamar simpatía al impulso que junta, en tiempos de hambre, a especies variadas? En invierno, cuando hace unos días que el viento sopla del Norte, los pájaros comienzan a reunirse junto a las casas y en los patios de las granjas. Junto a un pajar, si la capa de nieve no es demasiado espesa, a los gorriones se juntan pronto los pinzones y los verderones. Sus plumajes erizados parecen empañados por el frío, pero el bello pecho rojo anaranjado del pinzón real macho o el dorado del escribano cerillo, ponen una mancha viva sobre el suelo blanco; de los árboles o de las matas vecinas media docena de estorninos, un mirlo, un petirrojo, una pareja de acentores llegan a su vez. Todos se ocupan en rebuscar los menudos granos, los desechos del trigo, demasiado absortos en su tarea como para buscar pelea. Sin duda es la miseria de la estación, la amenaza del hambre, la que los amontona así. Sin embargo, una solidaridad casi amistosa parece unir al mayor número, pues de súbito, no se sabe a qué señal de alarma o por qué repentino pánico que se apodera de todos esos cerebros, la bandada casi entera emprende el vuelo y traza en el aire un círculo o dos, para posarse de nuevo en el punto de partida con un mismo movimiento. Pero hay disidentes: el mirlo, el petirrojo, el acentor, vuelven a ganar aisladamente el seto vecino.

¿Es un mutuo afecto el que empuja a tres especies distintas de aves acuáticas de pico recto, el carricero tordal, el carricerín y el carricero común, a anidar unos junto a otros, en la vegetación del borde de las aguas? ¿Es acaso voluntaria esa asociación del avión zapador y del martín pescador que han excavado sus galerías uno al lado del otro en el mismo talud de un arenal? ¿Son verdaderamente amigas esas dos especies parientes, el gorrión común y su primo el gorrión molinero, de cabeza vinosa, que establecen sus nidos en el mismo muro de iglesia, el primero bajo las tejas, el segundo en los huecos de la fachada?

Como en la reunión de hambrientos formada en invierno en un momento de crisis, es sobre todo la necesidad la que consolida esos grupos. En otros tiempos, las currucas acuáticas no tienen ninguna tendencia a reunirse; el martín pescador ignora a sus vecinas pardas y las dos razas de gorriones, tan próximas por la sangre y el género de vida, no se buscan mucho. Pero tanto para unos como para otros, la región, en determinados sitios, presenta pocos lugares favorables a los nidos: el río ofrece macizos de cañas y márgenes a pico solamente en algunas partes de su curso; no todos los pueblos tienen, dominando sus casas, viejos paredones grises. Ha sido preciso, pues, que sus ocupantes se plegasen a las circunstancias y se acomodasen con compañeros que afirman, a su vez, su derecho a la vida.

Desde luego, no es precisamente la estación de los nidos la más propicia a las manifestaciones de amistad. En esa época, y a menos que viva en colonias de una misma especie, cada ser se torna individualista; el amor lo aísla de su conjunto, lo separa de sus semejantes, lo absorbe en el cuidado primordial del porvenir de la raza. Para muchos pájaros la vida solitaria o por parejas continúa siendo en todo momento la regla. Así el alcaudón no busca la sociedad de ninguna otra criatura alada: desde que su pollada se dispersa, recorre los campos solo y pasa de un árbol a otro con su bello vuelo de mariposa, el más imprevisto de los que atraviesan el paisaje de invierno. Entre los de pico recto, el ruiseñor, el colirrojo tizón y el petirrojo, viven rebeldes a la asociación en todas las estaciones.

Sin embargo, es la amistad, aunque empañada sin duda de elementos utilitarios, la que estrecha los lazos entre ciertos pájaros y, casi siempre, en su base se encuentra el instinto de sociabilidad. Aquel a quien le gusta unirse a sus semejantes se acerca encantado a otras especies. Entre estas, sus preferencias le llevarán hacia los seres que una comunidad de origen más o menos lejana con él ha dotado, si no de una librea semejante a la suya, por lo menos de costumbres análogas. Es así como, según las estaciones, se vuelven a encontrar agrupadas, como en un haz constantemente desatado y reanudado al azar de su vida errante, formas muy distintas, pero parientes. Por ejemplo, en los prados de abril, dos razas de lavanderas cascadeñas se juntan a otras dos de plumaje abigarrado, negro, gris y blanco, para buscarse el sustento a pasos distinguidos y ritmados por un lento meneo de cola, en la hierba nueva, cerca de un curso de agua.

Más tarde, hacia fines de verano, al ras de los rastrojos, esos vuelos cortos y apresurados de centenares de alitas pardas ligeramente bordadas de blanco, mezcladas a otras negras rayadas de amarillo, revelan dos especies vecinas, el pardillo y el jilguero; o bien tres formas hermanas, las golondrinas, los aviones comunes y los aviones zapadores, parecen darse cita sobre los hilos telegráficos, en largas sartas de pechos blancos y de lomos oscuros para los relevos del viaje otoñal; parecen todas semejantes, pero tan pronto como se ponen en camino, se hace la selección, pues la golondrina tiene el vuelo más amplio y una forma de migración particular.

Otra reunión amistosa de parientes cercanos se ve sobre los surcos de invierno: una treintena de cornejas negras y cinco o seis de ropaje gris venidas de los países del Norte, se mezclan con las grajas, parecidas a las primeras, salvo en la base del pico, que tienen desnuda. En los extremos de la bandada hay a menudo dos o tres urracas: casi nunca son más. Sin embargo, una bandada de estas últimas, una veintena tal vez, está posada a alguna distancia, pero las urracas parecen comprender que, a pesar del lazo familiar (pues también ellas son córvidos), su compañía en excesivo número no será admitida, y se mantienen al margen. En efecto, en esta asamblea hay jerarquías: la corneja es la reina, y todo bocado encontrado por la graja o por la urraca debe serle abandonado si ella se adelanta a reivindicarlo.

De todos esos agrupamientos fraternales, los más variados por el número de especies que la amistad contribuye a aglomerar se encuentran en noviembre en los campos sin cultivar. En el suelo no se ve más que un rebullir de plumajes, que se dirían semejantes en color a esa mísera vegetación que los confunde en su tono gris. En cuanto echan a volar, se revelan las diferencias: dorso castaño de los gorriones y de los pardillos, alas de los pinzones y de los jilgueros, que una charretera blanca o una raya amarilla hacen vibrar en la luz, ropajes aceitunados de los verderones y de los serines, blanquísimos lomos de los pinzones reales. Todos esos pájaros son de pico robusto, y su reunión constituiría el tipo de un grupo de especies estrechamente parientes y amigas si algunos otros elementos no viniesen a mezclarse con ellos; entre estos, los más fieles son el bisbita pratense, en su triste librea verdeparda, el escribano soteño, pájaro de los setos, rojo con el pecho amarillento, y el gracioso escribano palustre, cuya cabeza y garganta negras están separadas por un cuello blanco puro y que vive generalmente a orillas de los ríos.

¿Qué vienen a hacer entre los de pico robusto? Es que en esta estación tienen todos una alimentación similar, y la encuentran por medios análogos en los mismos lugares. El escribano soteño y el bisbita pratense, como el gorrión molinero y el pinzón, buscan en la tierra semillas y larvas menudas; el escribano palustre, en una actitud idéntica a la del jilguero y el serín, sabe doblegar los altos tallos de las gramíneas para, en el suelo, hurgar más fácilmente en ellas. Esta comunidad de costumbres les ha acercado a sus compañeros, como une también en sus excursiones a través de los bosques a pájaros muy disímiles, herrerillos, reyezuelos y mosquiteros, que no tienen en común ni parentesco muy próximo ni la forma. Aquí puede verse una asociación amistosa y espontánea de obreros ocupados en el mismo taller, pero provistos de herramientas diferentes. En el pino invadido por la tropa infatigable no queda nada por explorar: los herrerillos, que visitan hasta las últimas ramificaciones de los árboles, hieren con sus sólidas mandíbulas y hacen estallar los botones o las escamas de las piñas; los reyezuelos y los mosquiteros introducen su pico afilado hasta el fondo de los manojos de agujas, mientras que, agarrándose al mismo tronco, ese pequeño artesano concienzudo y generalmente solitario, el agateador, que no ha podido resistir el ardor contagioso de la bandada, recorre la corteza en todos los sentidos y registra las hendiduras.

Pero la fraternidad del oficio crea otras simpatías más extrañas todavía. Así, desde el otoño, entre las cornejas y las grajas, cuyas pesadas formas se mueven lentamente por los prados húmedos, se ven unos puntos negros en perpetua agitación: son estorninos, que han venido también en busca de larvas terrestres o de gusanos; los picos, grandes y pequeños, tientan el suelo en la superficie y se hunden en él. ¿Qué placer pueden hallar en estar juntas esas especies tan diferentes de tamaño y de costumbres? Sin embargo, su asociación no se rompe una vez terminada la comida: cuando las cornejas se elevan para posarse en un olmo, los estorninos las siguen y van a poblar la copa del árbol vecino. Con todo, parecen tener una predilección todavía mayor por la sociedad de las avefrías, y con sus cortas alas rápidas escoltan, a menudo hasta gran altura, el vuelo sutil de esos compañeros pasajeros, encontrados en la pradera.

Instinto de sociabilidad, parentesco, oficio común, esos son sin duda otros tantos móviles que pueden explicar la amistad entre especies, pero, ¿bastan acaso para interpretar todos los casos? ¿Por qué, por ejemplo, el triguero, por más que sea uno de los más gregarios de los paseriformes, permanece rebelde a toda afiliación extraña? ¿Por qué razón el escribano soteño figura tan a menudo en la tropa de los picos robustos, y en cambio su primo, el escribano cerillo, como mínimo tan sociable como él, no está casi nunca? ¿Cómo esas dos especies tan próximas, las alondras y las totovías, mantienen sus bandadas distintas en los rastrojos donde se han posado unas al lado de las otras? Y cuando los herrerillos se agrupan, ¿no queda la abubilla aparte, con la retaguardia de los reyezuelos, cuya compañía prefiere a la de sus parientes?

Ante esas anomalías, hay que ir hasta el fondo misterioso del ser, de lo que constituye su naturaleza íntima, su sensibilidad particular, y hace a ciertas especies más capaces que otras de experimentar y de suscitar un sentimiento de amistad. Ese don de la simpatía, ¿qué pájaro lo posee en grado tan alto como el jilguero, encantador ya por su forma y su color, y que hemos visto emparejarse en otoño con el hermoso pardillo? Jilgueros y pardillos quedan tan estrechamente unidos, que incluso en la primavera, después de la formación de las parejas, individuos de una y otra especie vuelan juntos como si estuviesen apareados. Más tarde, el compañero que el jilguero gusta de encontrar en los alisos es el lúgano: no es tan buen gimnasta como él, no tiene su ligereza para agarrarse, con la cabeza baja, a los menudos tallos para visitar a los vástagos, pero los dos, reunidos en pequeños grupos sobre el mismo árbol, mezclan sus voces en un coro de notas alegres. Otras veces, en un prado esquilmado por el ganado, se han posado unos serines; del mismo color que la hierba gris, aunque los machos son más brillantes, casi en plumaje de bodas, los serines avanzan a breves saltitos alados, pasando los últimos sucesivamente a la cabeza. Pero he aquí que en medio de esa bandada un poco deslucida, si bien en armonía con el suelo que pisa, destacan unas joyas de color vivo, amarillo y bermellón sobre negro y pardo claro: una vez más, se trata de los jilgueros.

Entre la amistad y el odio se coloca una zona de sentimientos ambiguos, de relaciones mutuas toleradas o incluso buscadas y que, sin embargo, encubren una vaga hostilidad. Así, en los campos cultivados bordeados de alfalfa, junto al macho del sisón que, horas seguidas, lanza su llamada parecida al estallido de una vaina de guisante seca, es frecuente ver erguirse a una o dos urracas. ¿Qué curiosidad jamás satisfecha o qué esperanza de pillaje las atrae allí? De una parte y otra ningún gesto agresivo viene a turbar la curiosa entrevista, sobre la cual se cierne, sin embargo, una desconfianza recíproca.

Pero sobre todo entre los pájaros de presa y los miembros de la familia de los cuervos no se sabe jamás dónde va a acabar el juego y a comenzar la querella. Sobre las mesetas donde las grajas van a buscar su sustento en los campos sembrados, una de ellas persigue a un cernícalo, lo acompaña en sus evoluciones ligeras, y parece a veces a punto de alcanzarle; el otro la evita con un picado, y luego le da caza a su vez; la lucha prosigue varias veces y los dos adversarios están animados de un ardor igual, cuando de repente, deseosos de descanso, van a posarse juntos, casi tocándose, sobre el mismo hilo telegráfico. Por lo demás, es también un cernícalo este que desde lo alto se divierte en lanzarse por encima de los álamos del valle; una docena de urracas le escoltan enseguida y el cernícalo de rojizos lomos rema en el aire o planea en círculos fáciles, acompañado por la bandada blanca y negra. Bruscamente se vuelve, ataca a una de sus perseguidoras, se deja caer a tierra con ella y la abandona a medio camino para volver a ganar su peñasco. Después vuelve a partir; a cada uno de sus vuelos, veinte veces repetidos, las urracas vuelan detrás de él y él se arroja en medio de ellas como si éste fuera un deporte que se trueca enseguida en disputa, y que deja a pesar de todo la impresión de jugueteos buscados por los ejecutantes por el placer que en ello toman. Entre el aguilucho cenizo y la corneja, el mismo juego del perro y el gato, pero el rapaz de delgadas alas grises y negras es flemático: muy pronto vuelve a partir para su laboriosa busca a ras del suelo.

Las antipatías de los animales son más sencillas, menos entreveradas de impulsos diversos que sus amistades: los pájaros odian a los que les persiguen, atacan a su pollada, o se burlan de ellos. Por dondequiera que en pleno día aparece el búho, los paseriformes se agrupan a su alrededor en actitud hostil. Asimismo una explosión de «plink-plink» excitados en un rincón del bosque es la señal infalible de que los pinzones han visto sobre una horca de árbol la cabeza cuadrada del mochuelo, y, bajo la arcada saliente de sus cejas, la mirada a la vez atemorizada y cruel de sus bellos ojos fijos, con sus pupilas negras ribeteadas de amarillo.

Al punto, a los primeros agresores se juntan otros fringílidos, escribanos, herrerillos, reyezuelos, pero se mantienen a distancia y el asalto anunciado a grandes gritos no se precisa: el mochuelo, irritado, emprende el vuelo, seguido de algunos perseguidores más encarnizados, y pronto todos, incapaces de designios tenaces, espacian sus voces y dejan que el silencio y la paz vuelvan a reinar en torno de su enemigo. Cuando es el cárabo de cabeza redonda el sorprendido en su rígida inmovilidad vertical a lo largo de un tronco, son el zorzal charlo y el arrendajo quienes dirigen la inútil ofensiva. Pero no hay duda de que un horror particular se mezcla al temor que inspira a todos el ave nocturna, pues las mismas rapaces diurnas le tienen jurado un odio feroz: los halcones y los aguiluchos le atacan con furor cuando le encuentran en la llanura. El águila real, cuando ve al magnífico búho real elevarse por encima de los bosques antes de la caída del día, interrumpe sus círculos planeados para entablar combate.

El pájaro de presa diurno es asimismo aborrecido por todos los débiles entre quienes buscan su botín. Cuando el gavilán, desde lo alto de los aires, elige a su víctima en una bandada de zorzales, o cuando a ras de los setos intenta sorprender a los paseriformes en los pastos, el grito de alarma, repetido en los alrededores, paraliza al pueblo alado: quedarse oculto a cobijo de las ramitas o pegarse contra el surco es la única defensa. Pero si el rapaz, saciado o deseoso de reposo, pasa con vuelo ocioso, el atrevimiento de los perseguidos se despierta y suscita actos sorprendentes de ciego valor. A menudo, confiando en su número, le acosan en bandadas, como esos estorninos que, sin perder la formación, se arrojan sobre él y le obligan a una brusca oscilación; otras veces la persecución es iniciada por dos o tres bisbitas: a cada momento espera uno ver cómo el pirata se vuelve y coge con sus garras una de esas menudas criaturas; pero todas parecen comprender vagamente que si el gavilán es de temer cuando ha trazado su designio, fijado el ojo sobre su presa y tendido el arco de sus alas para el ataque, fuera de esos momentos cabe intentar un gesto de venganza.

De esas vanas ofensivas contra el pájaro de presa detestado, la más brillante es la de la oropéndola. Ésta sale al encuentro del aguilucho cenizo y le toma la delantera como si menospreciara esas grandes alas suaves, demasiado lentas para la presa a cielo abierto. Pero si se trata del gavilán, la táctica es distinta: la oropéndola, con sus gritos agudos, acosa al rapaz, que al principio planea indiferente o evita, haciendo un quiebro, un picado más amenazador; la agresora se alza, se deja caer como una piedra sobre el bandido y le obliga a apartarse. Pronto los dos pájaros se elevan en el cielo, donde la oropéndola no es más que un punto; uno o dos círculos más, y el gavilán se queda solo, habiendo dejado cansada, pero no intimidada, a su enemiga.

Al lado de los odios permanentes y jamás aplacados, hay otros que son estacionales. Cuando las parejas se aíslan para la reproducción, el afán de asegurar el alojamiento a la pollada hace estallar las hostilidades entre seres que vivían hasta entonces en paz unos con otros. Cada primavera, vuelve a encontrarse entre los estorninos y los pájaros carpinteros una antigua querella por la posesión de los huecos de los árboles. Por un triunfo de inteligencia y de táctica, el estornino, la mitad más pequeño que el pito real o carpintero verde, y desprovisto del poderoso pico en forma de tijeras con que cuenta éste, se apodera de la cavidad tallada en pleno tronco de roble por su pesado adversario, asoma una cabeza erizada de cólera a la vuelta del legítimo ocupante, le hace insoportable la vida y se queda amo de la mansión. Pero con la abubilla, sin embargo, el método del estornino a veces falla. Al principio se aproxima curioso, sin probar a entrar: la abubilla, en cuanto le ve, se arroja enseguida de la rama donde estaba posada, abre sus alas y se precipita sobre el intruso erizando su moño leonado. El estornino, como cegado por el despliegue y el batir de las alas blancas y negras, huye, y una vez restablecida en sus posesiones, la abubilla se agarra a la corteza a la manera de un pájaro carpintero, con las plumas bien alisadas sobre su cuerpo delgado y la cresta nuevamente replegada sobre la cabeza.

También la necesidad de velar por la seguridad de sus nidadas suscita el implacable rencor de los débiles contra los ladrones. La urraca y el arrendajo son merodeadores profesionales que se atraen el odio de todos, pequeños y grandes: una especie sobre todo, el bello alcaudón de cabeza roja, blanca y negra con un casquete de fuego, les ataca sin descanso y les fuerza a la retirada. Desde luego, el mismo alcaudón, temido y vigilado por los pájaros de los linderos y de los setos que frecuenta, ¿no es una especie de pequeño halcón, con su pico dentado y corvo y su carácter salvaje, más a menudo ocupado en el ataque que en la defensa? Los ingleses llaman con razón pájaro carnicero al alcaudón dorsirrojo, que clava a las espinas de los matorrales, como en un escaparate, a los pajaritos e insectos que coge. Sin embargo, aquí las hostilidades alternan con largas treguas, pues el alcaudón es demasiado débil para imponer su ley y no inspira más que un terror circunstancial: una curruca zarcera, un gorrión molinero, un triguero se posan a menudo junto a él sobre un hilo telegráfico, mientras que un poco más lejos una pareja de escribanos hortelanos, alocada de temor por la seguridad de su pollada que se cobija bajo los pámpanos de una vid, se precipitará a su encuentro, sufrirá valientemente hasta en el suelo sus zambullidas de pequeño rapaz y no le dejará en reposo hasta que se aleje.

De todos los odios, uno de los más curiosos y más complejos es el que suscita el cuco entre aquellos a quienes engaña. Detestar al parásito y, sin embargo, aceptar su huevo, empollarlo como si fuese uno de los suyos, nutrir a su hijo con amor: he aquí la paradójica actitud de las víctimas frente a ese pájaro gris de pecho rayado y vuelo de gavilán. De él, los paseriformes nada tienen que temer por ellos mismos, pues no tiene ni valor ni medios de ataque, pero saben por instinto que el huevo del cuco puesto en su nido representa la pollada perdida. Importa, pues, desviar la atención del enemigo, que amenaza insidiosamente el porvenir de la raza, o alejarlo por todos los medios posibles. Un bisbita arbóreo, que hace un instante se lanzaba desde lo alto de un matorral, en ese descenso en paracaídas que acompaña con un himno maravilloso, se pega enseguida a la hierba cuando oye el reír en gorgoteo de dos cucos que se persiguen en su dirección; en cuanto la amenaza está evitada, vuelve a subir a su puesto y emprende de nuevo el canto interrumpido.

Pero el parásito no anuncia frecuentemente su presencia: traicionero, posado sobre una rama de árbol, vigila las idas y venidas de aquellos que próximamente serán víctimas de su engaño, registra en su memoria la posición de los nidos y los progresos de su construcción, o volando a ras del suelo se acerca a un asilo de musgo o de hierba seca ya terminado. Es entonces cuando a menudo se ve perseguido con gritos de cólera y a toda la velocidad de sus pequeñas alas por una curruca furiosa. También intentan apartarlo esos petirrojos que se unen en un esfuerzo desesperado, le asaltan cuando está posado, le obligan a una lastimosa retirada a lo largo de una rama, suben sobre sus lomos y, posados junto a su nuca, le acribillan a picotazos, sin permitirle ningún reposo, mientras él, aturdido, sólo sabe sufrir los golpes y esconder la cabeza entre las alas, con un ruido de tos sofocada. Ataques inútiles, desde luego, y que no afectan seriamente al imponente cuco, el cual, cobarde y sin protestar, pero dominado por su instinto, no dejará por esto de ir a poner su huevo en el nido inútilmente enmascarado con hojarasca en la pendiente de un terraplén.

Todas esas antipatías tienen causas inteligibles, pero, ¿qué pensar de una disputa, que hace generaciones que dura, entre el mosquitero musical, esa pequeña curruca verdosa de cuerpo en forma de huso, y el bello herrerillo? Una pareja de esta última especie baja al abrevadero; apenas se ha posado allí, sobre una piedra medio hundida en el agua, cuando el mosquitero llega a su vez, en actitud hostil, con el cuello tendido pronto para el ataque, y planta cara, ya al uno, ya al otro de los herrerillos, que no parecen al principio prestar ninguna atención al agresor; pero éste se agita, bate sus alas y se atrae finalmente la amenaza de un picotazo. Sin duda el herrerillo tiene mal carácter, pero aquí es él quien sufre la ofensiva. ¿Qué injusticia grave, qué delito que pide venganza justifican esta hostilidad del mosquitero que prosigue desde la primavera, a través de los manzanos en flor, hasta el otoño, entre las agujas verdosas de los pinos?

IV

Las bodas

El insecto, cuando vive más de un estío, se duerme a las primeras heladas; la serpiente pasa la estación inclemente enroscada sobre sí misma, en el fondo de un agujero bajo las piedras; el batracio dormita hasta febrero, hundido en el cieno de las charcas. Por el contrario, el pájaro, con su sangre más caliente que la de otra criatura alguna, sus nervios constantemente alerta, sus músculos siempre prestos para la acción, escapa a las garras del invierno y experimenta casi sin interrupción la emoción amorosa: en él no hay cese completo del instinto que da origen a la vida.

En diciembre, cuando la nieve cubre la tierra, una pareja de mochuelos ha salido, antes de caer la noche, del campanario de la iglesia. Los dos pájaros, todavía entumecidos por su inmovilidad de aquel día, están posados sobre el alero del tejado. De repente la hembra llama dulcemente al macho, y en el aire helado el rito nupcial se consuma. Sin embargo, en esta época del año el gesto amoroso es sin utilidad para la especie.

Es que por vez primera en la larga serie ascendente de las criaturas aparece con el pájaro el vínculo que une a dos seres para toda la vida y prolonga la pasión a través de los días sombríos. Una pareja se ha formado, rompiendo así, por la ternura mutua, el duro círculo del celo animal que aproxima los sexos en el breve pareo para separarlos enseguida, encadenando al amor en un determinismo despiadado.

Algunas veces es su victoria sobre el instinto de sociabilidad, tan fuerte en muchas especies, la que afirma la persistencia del lazo sexual durante la estación fría. Al ponerse el sol, en el llamear de los follajes de otoño, y más tarde, cuando su tapiz leonado se ha extendido bajo los ramajes desnudos, dos estorninos charlan junto al hueco de árbol que ha abrigado a su pollada del pasado año. Muy alto, por encima de ellos, pasa, en batallones cerrados, la bandada inmensa de sus semejantes que todas las tardes a la misma hora evoluciona sobre las praderas. La enamorada pareja les ha visto pasar. Cediendo por un instante al espíritu gregario, los dos solitarios se remontan juntos hacia el nubarrón viviente. Después, de repente, llevados otra vez a tierra por un imán más fuerte que la llamada de esos millares de alas fraternales que atraviesan el cielo de la tarde, vuelven a ganar el nido, donde, pegados uno contra otro, pasarán la noche de invierno.

Las más veces, sólo señales sutiles revelarán que el lazo de ternura no se ha roto cuando el invierno se acerca. Sobre el estanque, cuya superficie está rizada por la caída de las primeras hojas, en el arroyo en que los juncos marchitos ponen sus grandes manchas de herrumbre, los patos se zambullen para reaparecer por parejas, y entre los macizos cañaverales se oye el relincho amoroso de los pequeños somormujos. Aquí, como en el bosque donde la paloma torcaz se lanza en su bello vuelo nupcial, o como sobre los grandes álamos que las grajas visitan, revoloteando en torno de sus nidos vacíos, el amor subsiste. Hacia Navidad, cuando los amentos amarillos del avellano se extienden en el extremo de las ramitas, el carbonero llama a su hembra para compartir con ella la avellana o el hayuco que ha encontrado bajo las hojas.

Hay entre los pájaros varias formas de uniones: ciertas especies son polígamas; para otras, la existencia en colonias desarrolla la promiscuidad, pero en la mayor parte de los casos la vida familiar reposa sobre la pareja, cuyos componentes están ligados por lazos más o menos frágiles. Así, muchos de nuestros cantores del verano nos dejan, una vez criada su familia, y penetran hasta el corazón de África; más tarde los machos se adelantan en su regreso al país de los nidos, seguidos a los pocos días de las hembras. ¿Cómo ha podido mantenerse el contacto entre los esposos en el curso de la inmensa excursión? Cierto es que nuevas combinaciones tienen lugar, que las bodas de esta primavera no son siempre las de la pasada estación. Pero para el mayor número de nuestros sedentarios, la pareja, una vez formada, dura mientras hay vida y salud. Por ejemplo, el mismo par de pitos reales o de trepadores que ha permanecido unido todo el invierno, cada vez que vuelva el buen tiempo vendrá a explorar los troncos de los árboles huecos en su rincón del bosque favorito. Y entre esos migradores que efectúan el viaje en bandada, el macho y la hembra no se separan probablemente nunca: el vínculo amoroso, debilitado por el espíritu gregario, se va estrechando poco a poco a medida que se acercan al país natal, y a menudo se posan acoplados sobre nuestras praderas y nuestros pantanos para un reposo de pocas horas en ruta hacia las tierras polares.

Si la frecuente persistencia del lazo amoroso nos asombra en la pareja alada sometida a las intemperies y a la migración lejana, ¿es menos misteriosa su formación? ¿Quién podría decir en qué momento, en los días de escarcha, entre la pequeña banda nómada de los herrerillos, dos de ellos, jóvenes del año pasado, han sentido crecer el impulso que va a aproximarles uno a otro, alejándoles a los dos de sus compañeros para lanzarlos, convertidos ya en una pareja, a la búsqueda de la cavidad de árbol o de muro donde más tarde habrán de llevar los materiales para construirse el nido? ¿Qué ocurre en esos extraños conciliábulos de urracas que se celebran en invierno? Son una decena, reunidas en el espesor de la copa de un pino. Un cacareo intenso, dulce, confidencial, anima la masa sombría del árbol. En primavera, sin combates violentos y como si las uniones nuevas hubiesen sido arregladas en esas asambleas, las urracas se irán, por parejas, a elegir el olmo o el álamo que habrá de sostener su gran nido de ramitas.

El impulso vital de los primeros días de buen tiempo aporta al principio una lenta modificación en el aspecto del pájaro. A fines de verano, despojado por la muda de su plumaje marchito por el sol y la lluvia y usado por el trabajo que impone la cría de los jóvenes, se había revestido de la librea más sombría de los días de invierno. Ahora los colores se avivan. La caída de las finas puntas de las plumas revela poco a poco los frescos matices que recubrían, y colorea los pechos de verde brillante, de rojo cobrizo o de amapola, adornando el ropaje con toda la gama de los grises y los pardos. Otras veces, sólo ciertas partes del plumaje son tocadas por el artista invisible que dibuja una mancha de color negro intenso en la garganta de la lavandera cascadeña donde antes reinaba el amarillo pálido, que envuelve de castaño la cabeza de la risueña gaviota, que cubre a ese escribano con un casco dorado, que matiza de carmín la pechera del pardillo, que aviva el arco de las cejas, refuerza los tonos del ropaje, los armoniza o los contrasta. A menudo la metamorfosis parece brusca, y asombra ver aparecer, un día de febrero, al oscuro pinzón de los meses de invierno, o a la pequeña tarabilla de color de hollín que revolotea encima de los matorrales en su flamante traje de bodas, con el blanco brillante que destaca sobre el fondo del manto.

Los machos, más completamente transformados que las hembras a causa del brillo más vivo de sus tintas, sufren también antes la acción profunda del deseo sexual. Manifiestan al principio una actividad de lujo, de juego. El cernícalo, interrumpiendo su caza, traza por encima del campo, donde la avena todavía es corta, un amplio círculo planeando que hace acompañar del rodar estridente de su grito. El picapinos, hasta aquí huésped silencioso de los bosques despojados, va a agarrarse a una rama muerta, y de ese tambor que hiere con el pico a golpes precipitados saca una vibración que llega hasta muy lejos. Con un vuelo preciso, directo, el zorzal charlo iba a despojar de sus bayas el matorral de majuelo; ahora, un punto de fantasía y atrevimiento en su aletazo denota una nueva emoción.

Esta necesidad de expandirse, de exteriorizarse, modifica ya la actitud de los machos, y les hace soportar con impaciencia la presencia de sus semejantes, pues el amor, aquí como en otras partes, comienza por la afirmación de sí frente a los demás. Entre las especies de tendencias sociales que una solidaridad de miseria común había aglomerado en bandadas, habían vivido pacíficamente unos al lado de otros. Pero ahora la bandada va a dispersarse. Así se disuelve en los últimos días de marzo la asamblea de los trigueros en la llanura. Son tal vez un millar, y sus notas claras parecen un chubasco de partículas de cristal que cayese sobre el trigal de invierno en que se han posado. Aquí y allá, en un vuelo a ras de tierra seguido de un rodeo que los vuelve a llevar al suelo, dos o tres pájaros se alejan de la bandada; querellas de rivales o esbozos de cortejo. Las salidas se multiplican, seguidas de la vuelta a la masa. De este modo vemos plantearse la lucha entre el espíritu colectivo y el individualismo amoroso. Mañana se verá a los machos posados cada uno en su puesto, sobre una mata, buscando ya aislarse. Incluso en ausencia de las hembras, andan ya en busca de posibles emplazamientos para el nido futuro. Se apegan al territorio que han escogido, lo defienden con vehemencia. Luchas sin tregua, las más de las veces de lento desgaste, son el efecto de este instinto primordial que exige, por el bien de la pollada futura, que el padre empiece por adueñarse, en el rincón de naturaleza propicio, de una extensión variable según las especies y su género de vida, de donde la pareja podrá más tarde, libre de una competencia vital demasiado dura, alcanzar las fuentes de subsistencia necesarias a la pollada.

Al propio tiempo que se modifican así los hábitos y el plumaje, las voces se desarrollan y suavizan. El canto va a ser una afirmación de presencia, un desafío a los rivales, una llamada a las compañeras, una liberación de energía. Todavía no basta para expresar las emociones, cuya frenética violencia no es nunca, en el resto del mundo animal, tan marcada como en el pájaro. Incluso lejos de sus compañeras, los machos se entregarán a acciones incoherentes y a menudo muy complejas: construcción de esbozos de nidos, reverencias, saltos, acrobacias de vuelo. Así es como urogallos reunidos ejecutan sus extrañas danzas «de guerra», y como ciertas rapaces trazan en el espacio el ancho festón aéreo que simboliza su dominio del aire: al principio, un lento deslizarse, picando oblicuamente hacia el suelo, después el breve salto fulminante sobre la víctima imaginada, finalmente el rebote hacia el cielo, con las alas inmóviles, hasta el punto muerto.

Las hembras, que se ven más lentamente afectadas que sus compañeros, se muestran todavía tímidas. En efecto, la naturaleza quiere esta astucia y esta prudencia. El ardor de los machos choca al principio con la indiferencia, y su deseo se agudiza ante la aparente frialdad de sus futuras esposas. Para éstas, todo derroche prematuro de energía antes de la hora propicia perjudicaría a la especie. Las hembras, pues, se mantendrán a la expectativa. Mientras los machos, pródigos en manifestaciones exteriores de belleza, de voz, de luchas, aventajan a sus compañeras, éstas maduran el germen de la generación futura. Ya llegará su momento, que ninguna prisa debe comprometer.

Entre los pájaros, los dos sexos son de fuerza aproximadamente igual. La hembra, generalmente algo más pequeña que el macho, es, por el contrario, más fuerte que él en ciertas familias. Por tanto, no será conquistada por la violencia. La intimidación no se emplea por su posesión más que entre raras especies polígamas; y aun así, va acompañada siempre de un despliegue de gracias que muestra que, incluso cuando es brutal, el enamorado tiende a gustar. Por ejemplo, cuando el macho del sisón, al volar por encima de la llanura con su aleteo blanco de sedoso rumor, percibe a la hembra gris que se escurre en la alfalfa, empieza por aterrizar a alguna distancia, y luego, como una bola que rueda por el suelo, se precipita hacia ella entre la polvareda levantada por la rapidez de su curso. Ella se ha pegado ya a tierra, dócil. Pero antes de imponerle el pareo, el macho empieza a girar en círculos a su alrededor, erizando su collar negro, y desplegada en amplio abanico su cola, que inclina rápidamente a un lado y otro, haciendo el galán.

¿Será la hembra la apuesta pasiva y desinteresada de los combates entre pretendientes? Sin duda las luchas nupciales de machos existen, pero, como esgrimistas atentos a las formalidades, los rivales hacen un derroche de actitudes amenazadoras, en ataques y en paradas nupciales que se dirían fijados por un código inflexible. Dos machos de abubilla, en el mariposeo de sus alas negras y blancas, no buscarán, por espacio de dos horas, más que dominarse uno a otro por su vuelo blando y caprichoso; en el hueco de los surcos, dos machos de perdiz pardilla, alternativamente perseguidores y fugitivos, dejarán prudentemente entre sí la distancia que ha de ahorrarles la lucha cuerpo a cuerpo. Esos machos de curruca capirotada que se persiguen a través de los matorrales con actitudes furiosas, ¿qué hacen sino arrojarse a voz en grito la bella estrofa de su canto, martilleada por la nota seca de la cólera? Dos pitos reales, con su pico en tijera que perfora la corteza del roble, no saben, posados en el suelo uno frente a otro, más que balancear torpemente la cabeza. Entre las rapaces, armadas para la matanza, el simulacro de clavar las garras en pleno vuelo constituye a menudo todo el combate. Entre otras especies la lucha asume los aires de un torneo: en las llanuras donde habita la pequeña avutarda, un rincón de campo en que se ven por el suelo pisoteados los tiernos brotes de la avena, marca la liza donde cada día, a las mismas horas, se encuentran los machos acantonados en los alrededores; estrechos senderos llevan allí a través de los cultivos vecinos. Allí los bellos pájaros lucen su gallardía, se enfrentan, saltan en el aire. Terminada la justa, cuando cada uno ha vuelto a su puesto favorito, unas plumas esparcidas por el suelo son las únicas huellas de la batalla.

El combate nupcial de los machos, si alguna vez fue feroz, ahora es sobre todo ritual. Es un esbozo, un simulacro o bien una ceremonia necesaria y alegre a la cual los rivales se dirigen espontáneamente, puesto que les permite, al contacto de sus pares, adquirir plena conciencia de su propia fuerza y de su belleza, que van a desplegar a los ojos de la hembra codiciada. El gesto de destrucción, entorpecido por el énfasis amoroso, ha perdido su fiereza. No es que el pájaro, por falta de valor, rehúse la batalla. Pero la verdadera lucha está en otra parte: cuando haya que defender duramente el lugar escogido para el nido o rechazar los intentos de una pareja vecina, los defensores, abandonando todo formalismo, aportarán a la persecución y al cuerpo a cuerpo un ardor exaltado por el sentimiento de sus preciadas posesiones.

La hembra no se queda embelesada, por tanto, como un trofeo. Al contrario, es ella la que escoge y ejerce así esta selección inconsciente de los mejores, por la cual se eliminan los sujetos decadentes y se mantiene la especie en la naturaleza. A menudo, a su retorno al país natal, cuya memoria no se borra nunca, aceptará de buenas a primeras a aquel que, habiéndola precedido en la migración, ha sabido hacerse el amo del rincón de bosque o del matorral ya conocidos y la guía hacia él por su canto, después de haber obtenido, antes de que ella llegase, la victoria en la lucha por la conquista del lugar propicio para la cría de la pollada, afirmando su valor por la expulsión de los competidores. Pero otras veces habrá que optar entre los pretendientes que se reúnen a su alrededor. Irá hacia aquel que sepa conmoverla. Ni siquiera la fidelidad a unos lazos anteriores da sobre ella derechos definitivos al esposo de pasados años. Ella le seguirá, con tal que a cada vuelta de la estación de las bodas sepa conquistarla. Los machos, jóvenes o viejos, se esforzarán por encontrar el acento que dé al canto mayor expresión, el gesto o la actitud que pongan más en valor la belleza nueva del plumaje nupcial. La cara, con la perla viva del ojo encuadrada por la arcada de las cejas, la cabeza lisa o coronada por la cresta, el cuello con sus juegos de luz y sombras, la garganta, el pecho cuyas curvas se prestan a las gradaciones de color, las alas y la cola, que ocultan, replegadas, sus rayas y sus brillantes espejuelos, no revelarán toda su riqueza más que si el pájaro sabe exponerlos.

Consciente de los puntos particulares en que su belleza domina, el macho expondrá esta gloria a los ojos de aquella que querrá conquistar, en actitudes de un formalismo casi hierático, tenso, afectado. Delante de su hembra, el jilguero vuelve la cabeza a uno y otro lado, como para cegarla con el brillo del disco escarlata que rodea su pico; gira sobre sus patas, a fin de presentarle alternativamente la viva pincelada amarilla de cada ala. El pinzón se enorgullece de sus charreteras blancas. El macho del trepador va y viene sobre la rama a pasos rígidos y graves, con el cuello tendido, mostrando a su compañera el color rosa tierno de su pecho. La collalba gris sabe mezclar el negro y el blanco de su librea en cegadoras piruetas. Marcando el paso, el archibebe mueve acompasadamente sus patas bermejas, iluminando su sombrío plumaje con la vibración de sus alas de plateado envés. Otras veces, el afán de agradar lleva al pájaro a transformar un acto usual de su vida, un gesto ordinario de su oficio. Así, el aguilucho pálido, cazador de grandes alas claras terminadas en negras puntas, representa, para conquistar a la hembra, una escena de descuartizamiento: a pie firme en un terruño, no lejos de la hembra, baja repetidamente su pico ganchudo hacia sus garras vacías, como si estuviera despedazando a una presa, y luego se yergue abombando el pecho. Porque cada especie tiene su rito, e incluso un animal de tan humilde plumaje como el macho de la alondra sabe perfectamente, cuando se deja caer desde la altura donde cantaba, que entre los terrones de los surcos hay unos ojos que contemplan admirados el brillo lustroso que adorna su pecho.

La hembra, púdica y reservada, no da todavía a entender que estos alardes la hayan conmovido. Un breve aleteo le permite escapar a sus pretendientes sin desanimarles. A veces, irritada, sabe calmar de un picotazo a los más impacientes. Pero su interés va en aumento. La actitud de sus pretendientes es una llamada a su instintivo sentido de la belleza; este es principalmente el que la domina. Así, en los claros de los bosques norteños, los urogallos de ahorquillada cola se reúnen, al alba, dispuestos aquí y allá en la liza. A lo lejos, entre los abedules, una hembra emprende el vuelo. Aterriza, se adelanta poco a poco entre gritos de desafío, danzas y brincos de rivales excitados por su llegada, desdeña a uno, luego a otro, y por fin se queda junto a su elegido, algo más lejos.

Otras veces, la corte de amor de los combatientes, primos de los correlimos de afinadas siluetas, se reúne en los prados bajos que bordean el mar o los lagos. Unas manchas pisoteadas y desnudas marcan en el césped los sitios que los machos suelen ocupar en sus asambleas. Un capricho de la naturaleza les ha dotado de un traje de boda distinto para cada uno. Un amplio collar, que, cuando están en reposo, les cubre los hombros y el pecho, puede extenderse alrededor de la cara en forma de gorguera, unas veces de color rojo vivo, otras veces blanquísima, otras gris, azulado o de abigarrados tonos. Allí están, en actitud batalladora, desde las primeras luces del alba, una docena de ellos, celosos guardianes de las pocas pulgadas de tierra que cada uno se ha atribuido. De pronto, el silbido de un aleteo rasga el aire húmedo y aparece la bandada de hembras grises. Los machos se prosternan, ofreciendo a las miradas de las visitantes sus vistosos collares. Y ellas afirman enseguida sus preferencias, eligiendo entre los discos coloreados: hay machos que se ven rodeados de un corro de admiradoras, mientras otros son desdeñados hasta que, por capricho o por cansancio, alguna se decide a aceptarles. Por lo demás, unos y otros no serán más que amantes pasajeros. Entre esos polígamos, los machos, que no se ocupan de la suerte de la pollada futura, parecen no ser aceptados en el breve pareo más que porque han parecido hermosos. ¿Ocurre lo mismo cuando los sexos se unen para formar parejas duraderas? ¿No entran más elementos que la satisfacción del sentido estético en la elección del compañero fiel que ayudará a la construcción del nido, a la cría de los pequeñuelos? ¿Qué afinidades, qué oscura simpatía llevará la hembra a aquel de sus pretendientes que no parece ni el más fuerte, ni el más bello a nuestros humanos ojos? Atracciones mutuas existen, y también repulsiones, que hallamos también en nuestros animales domésticos y que tienen sus raíces en las fibras profundas del ser.

En cualquier caso, la elección está hecha y la pareja está formada, tal vez algo frágil, pues las esperanzas defraudadas no se han rendido todas. Las más veces es un macho despreciado que no se resigna a su desgracia y ataca a los enamorados como si le fascinase su felicidad. Así, a veces se ve volar sobre los surcos, en los primeros días de la primavera, a tres alondras juntas, y tríos de pardillos o de jilgueros recorren las viñas y los vergeles. ¿Es que la esposa se siente halagada por esta admiración doble? ¿Es que su compañero no se atreve a arriesgar su conquista en un combate? El caso es que la pareja a menudo demuestra, frente al intruso, una extraña tolerancia. Por el contrario, si es una hembra la que quiere intervenir envidiosa en los asuntos de la casa, la esposa legítima, enfurecida, llega hasta el cuerpo a cuerpo para expulsar a su rival. En adelante uno y otra están ya apegados a ese campo, a ese rincón de bosque, a ese matorral, que va a contener su vida. No se alejarán mucho de allí. Ella es más cauta y más prudente que él, y también más independiente. Cuando vuelan juntos, es ella la que va en cabeza: él la escolta, con la atención siempre despierta contra los posibles peligros, presto a cubrir su fuga, más expuesto a los enemigos por su ropaje más brillante, sus andares más osados, su canto. Él va por ella de caza, le trae a veces el alimento. En efecto, entre las especies cuyos pequeñuelos, incapaces al nacer, reciben el cebo de sus padres, la hembra espera para sí misma ese gesto protector del padre para la pollada futura.

El macho ha hecho el galán delante de su hembra: le ha ofrecido su alimento. Entonces, una mañana, ella se estremece de alas, llamándole a gritos breves, pero agudos. Seguidamente él vuela en su dirección y el rito nupcial se consuma. Es la unión ligera de los pascriformes en las ramas, la de las oropéndolas amarillas y negras entre las hojas jóvenes, rojizas todavía, de las encinas, o, sobre la rama del sauce, la de los martín pescadores vestidos de esmeralda, de oro viejo y de azur.

Los palmípedos se acoplan en el agua, las gallináceas en el suelo, en un pisoteo imperioso de la hembra pegada a tierra. Otras veces, a gran altura, en el aire, dos pares de alas en hoz retardan un poco su curva para confundirse un instante: es que se verifica el pareo aéreo de los vencejos.

En adelante vendrán para la pareja unos días de vida alegre, libre de las labores próximas; en la luz clara y cálida, explorarán juntos el futuro emplazamiento del nido, o juntos echarán a volar hacia el terreno de caza o de pasto. Los esposos conocerán el deseo, luego la saciedad pasajera, las querellas fútiles, la alegría serena de los seres que cumplen su destino en la naturaleza propicia. Pero el tiempo urge. Una mañana, en el rincón de vegetación escogido, la hembra cogerá una ramilla, un tallo desecado, un poco de musgo, y en las ramas entrelazadas o en el suelo desnudo echará los cimientos del nido. En los días siguientes los materiales se han acumulado, puestos en su sitio con la ayuda del pico, hacinados por la presión del pecho y de todo el cuerpo. La pasión se ha avivado, porque la fecundación de los huevos es la necesidad de la hora presente, imperiosamente sentida por la hembra. Así, ahora se han trocado los papeles: la tímida cortejada de los primeros días se ha vuelto exigente; el ardiente enamorado que la importunaba hace poco, muestra a veces una discreción algo cansada, e incluso llega a no hacer caso de la llamada de su compañera.

El nido está terminado: la paz y el silencio reinan ahora en el sitio que lo contiene. Las idas y venidas son raras, las entradas furtivas, rodeadas de mil precauciones. En el secreto del ramaje, en el borde de la copa formada de musgo o de ramillas, un punto brilla: el ojo de la clueca condenada a larga inmovilidad. No lejos, el macho, apostado en un punto desde donde poder vigilar las inmediaciones y dar la señal de alarma, canta la alegría de existir, mientras su compañera siente despertar la vida en esos huevos contra los cuales oprime su pecho.

V

La ronda de los páridos

Octubre ha teñido ya de amarillo las cimas de los chopos, ha chapeado de oro el follaje verde oscuro de los olmos y ha puntillado de herrumbre, aquí y allá, los robles en las lindes de los bosques. Las mezcladas bandadas de los páridos, que durante todo el otoño y el invierno, hasta febrero, época de la dispersión por parejas, vagaron por los bosques y de seto en seto, de vergel en vergel, comienzan a formarse. Hasta ahora estuvieron agrupados por familias de una misma especie, pero el invierno que se acerca, obligando a la mayor parte de los pájaros a cerrar sus filas, ha reunido sus tribus en extraños y reducidos tropeles vagabundos.

Los páridos, por su ímpetu, su vivacidad, su vitalidad inagotable, su movimiento incesante, agrupan en torno de sí a otras especies de trabajadores del bosque y las arrastran a sus interminables excursiones mientras dura la luz del día. Los páridos son los acróbatas del mundo alado, los infatigables exploradores de cada rama, de cada retoño, de cada grieta de la corteza que pueda abrigar una mosca, una oruga, una araña; curiosos y parlanchines, atrevidos y pendencieros, hostiles a todo lo que no sea su pequeña bandada familiar... Bolas de plumas de encantadores colores, de corazón demasiado seco para poder emitir un verdadero canto, de instintos que llegan casi a la ferocidad, no tienen ternura más que para la familia, para la pollada criada en el nidito de musgo colocado en una rendija de árbol hueco.

A lo largo del río los prados todavía verdean. Más allá, en los bosques que los limitan, continúa aún el despliegue de los colores otoñales. La ronda se anuncia por un ligero ruido confuso que parece nacer, agudo y estridente, del soplo del viento en las hojas. Después, inesperado y furtivo, se oye un batir de alas en las ramas. Un pecho amarillo como el azufre, cortado por la hermosa gorguera negra que se afina en forma de corbata bajo el vientre, el manto aceitunado teñido de azul ceniza sobre la rabadilla, el casquete de negro brillante: es el carbonero, rey de la tribu de los páridos por su talla (es grande como el gorrión), su fuerza, su valor y su ferocidad. Este es el que, encerrado, es capaz de despoblar una pajarera en un solo día, abriendo el cráneo a todos sus compañeros, incluso los más robustos, para extraerles el seso. Tiene el pico fuerte y puntiagudo y sabe hacer su faena aprisa y bien, tanto si se trata de hacer trizas el coselete de un abejorro o de hacerle saltar los élitros para llegar al blando abdomen, como si se trata de romper una nuez o una avellana. El ojo, verdadera perla negra engastada en el negro de la cabeza, es vivo y atrevido, duro, insolente. Serán tal vez media docena los que marchan hoy a la vanguardia de la tropa abigarrada, con sus llamadas sonoras y variadas, de notas casi musicales, las más veces metálicas: «ti-ti-pu, ti-ti-pu». Diríase el son de un martillo golpeando el yunque, oído desde muy lejos, y los campesinos del Soissonnais han bautizado al pájaro con el nombre de «pequeño mariscal», y los de Provenza con el de «cerrajero». De vuelo corto y sincopado, pasa de un árbol a otro, explora las ramas, baja hasta el matorral, examinándolo todo en el oquedal y el bosque bajo y cogiendo con su pico puntiagudo la oruga, la mosca adormecida o el fabuco del haya, que agarra con sus patitas negras para abrirlo a fuerza de picotazos.

En estrecha relación con el carbonero, reducción desteñida de éste, en que el bello amarillo azufre del pecho ha cedido el paso al gris pálido, en que el negro de la cara se ha endurecido en reflejos de acero, en que el blanco de las mejillas se ha repetido sobre la nuca en una gran mancha, tenemos al carbonero garrapinos. Pasó el estío en los bosques de abetos y de alerces, y, empujado por el frío y las nieves, ha dejado los Vosgos, la Selva Negra o las grandes soledades escandinavas para bajar a estas llanuras. Allá arriba, en la montaña, mientras su hembra empollaba, el macho repetía sin cesar, posado sobre un tierno retoño de abeto, el gorjeo entrecortado por las notas ásperas de todos los páridos. Aquí sólo se oye su llamada, sonora y dulce. Más vivo, más nervioso todavía que su compañero mayor, explorador más ligero de los ramilletes extremos de las hojas, el carbonero garrapinos también tiene duro el ojo e irritable el alma. Constantemente agitado, ignorando toda desconfianza, hasta el punto de caer varias veces consecutivas en el lazo que le tienden, pasa, con vuelo rápido y brusco, de un árbol a otro, agarrándose a los troncos, desprendiéndose de las ramas con ayuda de sus patas color de plomo, y sigue a la ronda con movimiento endiablado, sin que ni por un momento los ocho o diez individuos que forman la bandada dejen por eso de llamarse unos a otros.

He aquí, con sólo tres o cuatro representantes en la mezclada tropa, al exquisito herrerillo, de toca azul cobalto, de verde manto que se funde sobre las alas y hacia la cola en un azul de ultramar, de pecho color limón tan delicado que apenas se le distingue en los follajes claros. Abandonó los vergeles para juntarse por una hora o dos al paseo por el bosque. El pulido jaspe del ojo, prolongado a cada lado por un rasgo negro, se anega en el blanco de las mejillas (expresión de malicia espiritual en esta cara de harina y de azul), y en esta maravillosa bolita de plumas en que se combinan los colores de los follajes tiernos, del cielo y de las primeras prímulas, se condensa la implacable energía, la dureza de toda la tribu. Color y movimiento, pero ni una nota musical siquiera. Durante el verano, en pequeña bandada familiar, anduvo errante por los huertos, cogiendo entre las cortas mandíbulas de su negro pico al insecto oculto entre las hojas o picando el botón del peral que cubre en espaldera el muro de la choza donde había hecho su nido de musgo y plumas, entre dos mal juntadas piedras. Después, en otoño, los bosques le han atraído. Se adivina que apenas está asociado a la bandada, pues es demasiado errante, demasiado individualista, demasiado caprichoso para quedarse en ella mucho tiempo. Un batir de alas azules, a lo largo de los troncos negros, un leve grito metálico algo colérico, y abandonando al carbonero y al garrapinos que su vecindad hacía aparecer más sombríos, desaparece de súbito.

Otra forma menuda ha salido del bosque bajo con un «tir-tir-tia-tia» sonoro, algo quejumbroso: el bello carbonero palustre. Una sinfonía de pardos, de grises, coronados por el casquete de negro brillante. Habitante de los húmedos bosques en que se yerguen el aliso, el fresno y el sauce, participa algo del misterio del pantano oculto en el bosque. Más amante de la soledad que el carbonero, el garrapinos y el herrerillo, tiene un alma más suave, instintos menos ásperos, una actividad menos frenética. Sigue a la bandada como forzado, rezagándose en la espesura, esbelto, bien alisadas las plumas, elegante y distinguido en su ropaje de sombras y de bruma.

Chillidos como de ratón, estridentes y repetidos, anuncian la aparición de nuevos miembros. ¿Cuántos son? Se ven dos o tres, pero se oyen diez o veinte, extrañas bolitas lanzadas a través de la red de ramujo, alternativamente oscuros o claros según que la luz, al filtrarse entre las hojas, ilumine el dorso negro de reflejos pardos o el vientre blanco. Una cola desmesurada, negra bordeada de blanco, fina en la base, un poquito más ancha en su extremo, una cola más larga que el cuerpo minúsculo es el balancín asombroso que permite al mito común infringir las leyes del equilibrio, lanzándose a través del ramaje con toda la impetuosidad de que son capaces sus alas, para agarrarse al fino pedúnculo de la hoja de abedul o a la aguja del pino silvestre. Los demás páridos, por grande que sea su habilidad de gimnastas, han visto de antemano el objetivo de su vuelo corto, la punta de la rama que quieren alcanzar; su esfuerzo, por fácil que sea, ha sido calculado. Éste, en cambio, parece haberse lanzado al azar en el enmarañamiento de la copa del árbol, y la ramita que ha surgido ante él ha sido cogida en una pirueta, a menudo cabeza abajo, y explorada en un segundo, hasta su tenue extremidad, por el piquito, que puntea de negro el blanco de las mejillas. Sin embargo, el largo balancín, que parecía flotar detrás del cuerpo en los vuelos más largos de un árbol a otro, desciende o se eleva, oscila sin cesar en la infinita variedad de las vueltas y de los saltos.

Toda la familia está ahí, el padre y la madre, fieles uno a otro hasta la muerte, y la quincena de hijos que han criado en el maravilloso nido de musgo chapeado de liquen, tejido de telarañas y de fibras tan finas que la bulliciosa masa la ensancha, a medida que crece, sin romper la trama; nido en forma de bóveda, tan cálido, tan protegido contra la intemperie y el frío en medio del seto de majuelo, que el vientre minúsculo de la clueca ha bastado para suministrar el calor necesario a la eclosión de entre quince y dieciocho huevos blancos, manchados de herrumbre. Durante todo el verano la familia ha permanecido bien unida. En otoño se ha asociado por impulso unánime a la heterogénea bandada. Se nota que su cohesión es fuerte, que es la de un grupo indisoluble, que se junta hoy a los compañeros del bosque para dejarlos mañana, pero sin dejar nunca de formar un bloque estrechamente unido. Tiernos animalitos, sin otra defensa que la pequeñez de su talla, al caer la noche en el bosque los encontrará reunidos, la cabeza bajo el ala, pegados el uno al otro en la misma rama de pino. El carbonero, el garrapinos, el palustre, el herrerillo, especie por especie, irán a buscar un abrigo más seguro en un tronco de árbol hueco.

¿Por qué fuerza de atracción esos páridos, de tamaño, de color y de almas distintas, pero semejantes en actitudes y género de vida, han atraído en su ronda a través de los bosques esas otras formas tan diferentes de ellos, que se ven mezcladas a sus bandadas, siguiendo el mismo camino entre las ramas: los esbeltos mosquiteros, de figura similar a la curruca, el enorme trepador, de forma parecida al pájaro carpintero, el pequeño agateador gris, solitario y triste, y las reyezuelos, pájaros mosca de nuestros climas brumosos? Sucede que entre las parejas el lazo amoroso, egoísta y exclusivo, se ha relajado con el declinar del verano, y que la pollada exigente que reclamaba, mientras durase la luz del día, la atención de los padres, puede atender ahora a sus necesidades. El individuo liberado busca otra forma de sociedad.

Las primeras heladas de otoño, al colorear los árboles del bosque, han acentuado cada día más la amenaza de una alimentación menos abundante, de un cobijo más desnudo. La solidaridad de los seres se ha afirmado: temor a la soledad, sensación de peligro ante el enemigo siempre al acecho, arrastrándose por tierra o cerniéndose en el cielo; necesidad de compañía. ¿Quién podría dar mejor que la bandada de los páridos la ilusión de una vida intensa, continuada bajo los rayos de un sol que se debilita de día en día? El oficio, la tarea cotidiana que hay que realizar, la preocupación del sustento, que importa hallar bajo pena de muerte, la búsqueda más difícil del insecto invisible bajo la corteza o bajo la hoja, han empujado unos hacia otros a los obreros del bosque y les han agrupado en una asociación cuya ley es la división del trabajo. Los páridos han explorado las ramas; ahora hacen falta especialistas para cizallar los troncos, hacer saltar la cubierta, separar la madera podrida: los pájaros carpinteros, el trepador se encargarán de ello. Y el extremo de la delgada rama del abedul, el último folíolo de la recortada hoja del fresno, la punta de la aguja del pino, son tan ligeros en la atmósfera que los sostiene, que no se les podrá visitar más que tomando un punto de apoyo sobre el mismo aire, volando.

Los páridos, que son, sin embargo, tan aéreos, son todavía algo de materia pesada al lado de esos elfos, los reyezuelos sencillos, que ni siquiera tienen necesidad de ser acróbatas, pues son casi imponderables. Forman su reducido pelotón de una decena de átomos alados, que revolotean como pájaros mosca ante los ramilletes de hojas para coger de allí el pulgón entumecido, en plena cima de la gran haya, y arrojarse enseguida a las ramas bajas para explorar la mancha de liquen blanco aplicada contra la corteza o el musgo húmedo que oculta las larvas tiernas, con un vuelo en que sus minúsculas alas se agitan tan rápidamente, que parece el de las esfinges crepusculares; pájaros minúsculos de aceitunados tonos, de pecho ceniciento, que no tienen en todo su plumaje más que una sola mancha de color llameante, la corona real, el pequeño moño de fuego, levantado a veces por la alarma o el asombro, pero generalmente invisible y pegado a la cabeza. En el reyezuelo listado, que a su vez se complace también en juntarse a la ronda, la naturaleza parece haber querido engastar esa joya en un estuche que realzase su brillo: una banda blanca y negra de tres cimbras la rodea, envolviendo de paso el gran ojo tierno, redondito, del hermoso e inocente animalillo.

Asociada a la ronda de los páridos, la tropa de los reyezuelos tiene su disciplina particular, sus llamadas de reunión. El canto, animoso, vivo, matizado, acompañado de un temblor de alas, es para más tarde cuando la pareja amorosa suspenda, con cordajes de telaraña, la pequeña hamaca de musgo y liquen en las últimas ramificaciones de los brazos tendidos del abeto blanco. Hoy día es el «zi-zi-zi-zi», la llamada que todos repiten, volando a través de las ramas, como para asegurarse de que la bandada está completa. De repente se hace más agudo, más irritado, más rumoroso: un rezagado ha faltado a la lista. Todos le buscan agitados, inquietos, abriendo los negros ojos bajo la cresta levantada; registran las matas sin temor, como si sintiesen que su pequeñez es su salvaguardia; se agarran a las ramitas en actitudes propias de los páridos, la cabeza abajo. Durante una o dos horas, si es necesario, buscarán y llamarán sin desmayo al rezagado o desaparecido, mientras la ronda, indiferente, ajena a ello, continuará su camino a través del bosque.

Este mismo instinto de solidaridad les ayudará durante los rigores del invierno, crueles para esos pequeños seres de pico tan fino que viven de tiernas presas y que no tienen, como los páridos, el recurso de las avellanas o de los hayucos. Bajo la rama cargada de nieve, a lo largo del tronco negro, he aquí un manojo de pluma, una cosa inanimada que diríase que es un nido del verano pasado. La mano que se acerca para cogerlo se siente sorprendida por un contacto cálido; es el racimo de los reyezuelos, ocho o diez cuerpecitos frioleros que se han pegado el uno contra el otro, cifrando su salvación en la suma de calor que sus plumones reunidos puedan oponer al viento helado. En esos días de hielo se encuentra a veces en el suelo del bosque, entre las hojas y el musgo descoloridos, pardo como ellos y distinguiéndose sólo por la llama viva de su moño, el cuerpo de un reyezuelo muerto de frío.

VI

El río

Es la época de la sequía y de las aguas bajas, y al mismo tiempo que recoge el último hilillo de sus arroyos, el río parece llevarse la vegetación de las pendientes vecinas; por los vallecillos tributarios, todo parece correr hacia él, frescura, color y vida. Sobre sus orillas, los sauces, como sentados en el agua, redondean sus aceitunados cojines y los cornejos de color de sangre yerguen su rígido ramaje, que se matiza ya de rojo vinoso. Los fresnos y los alisos levantan aquí y allá un muro alto verde; los álamos negros, con la prisa de huir de la muchedumbre vegetal reunida en torno de sus troncos claros, suben al cielo en líneas de husos.

La modorra de la tarde pesa sobre el agua que se escurre perezosa y tibia. Incluso la actividad de los insectos está casi suspendida. A la sombra, al abrigo de las ramas que se extienden sobre el agua, esos infatigables remeros que son los zapateros o patinadores de las aguas, reunidos en tropeles, parecen cansados y no dan a la superficie líquida más que las necesarias sacudidas para no ir a la deriva. De súbito, detenido un instante, repetido después bruscamente, llega de la orilla un rumor seco, y el pelaje de la comadreja reluce con un brillo rojo entre las consueldas; huyendo de la pequeña cazadora de ojos crueles, una rata de agua enloquecida rueda como una bola parda a lo largo de la raíz de un fresno; se precipita con ruido de piedra arrojada, y libre de su perseguidora, reaparece seguidamente, largándose al ras del agua hacia la orilla opuesta; su hocico rompe la superficie lisa con un ángulo agudo de finas líneas que van apartándose a ambos lados de los flancos. Una gallineta o polla de agua atraviesa a nado, negra, distinguida, vacilante. Como un golpe azul, el martín pescador cae sobre su presa acuática entre un estallido de gotitas; estaba oculto, al acecho, invisible, confundido el rojo ardiente de su pecho en el púrpura de una gran mata de salicaria. Una cerceta enteramente gris, con un espejo verde ceniciento metálico sobre el ala, desaparece entre los juncos y hace huir volando a las libélulas. En un macizo de cañas unos carriceros, atareados e inquietos, dan, al pasar de un tallo a otro, un golpecito que hace temblar sus penachos de plata rosada. Después, de repente, sin que nada haya delatado su presencia, la buscarla lanza su estrofa, indignada, colérica.

Todos esos seres son, en esta estación, huéspedes habituales del río, viven de la vegetación que éste les prodiga, de las menudas presas que el río crea. Otros, como esos páridos que recorren en bandadas los sauces para encontrar en ellos a las orugas abrigadas en la espesa red de seda que tejen alrededor de las hojas, son visitantes ocasionales, atraídos por la abundancia del sustento. También los hay que llegan, en esas cálidas horas de la tarde, en busca de agua para beber y bañarse.

En una recortadura de la orilla se extiende, en suave pendiente, el abrevadero, punto vital que para sus fieles parece rodeado de cierto misterio. Todos los pájaros de los alrededores lo conocen, pero raramente lo abordan de golpe, como si sintiesen que en el breve instante en que estarán posados en la tierra desnuda, sin la protección de las hojas o de las hierbas, se expondrán a excepcionales peligros. Cuanto más resplandeciente es el ropaje del visitante, tanto mayor es la reserva con que se aproxima. Una oropéndola silba largo rato en los chopos antes de decidirse a bajar a ese espejo fluido que, reflejando su belleza, va a hacerla todavía más visible. Un pito real y un abigarrado picapinos de negro y blanco, se agarran sucesivamente al tronco de tres o cuatro árboles vecinos, cada vez más abajo, antes de llegar hasta el agua, como por peligrosos escalones. Ese macho del pardillo, cuya pechera ha perdido ya el carmín vivo de la librea primaveral, está al acecho, posado sobre un cardo muy cercano. Vacila primero, después se posa en tierra. Atento el ojo, el cuerpo alerta, toca con el pico el líquido, levanta la cabeza y, enderezando su cuello tendido, saborea la fresca buchada. Repite varias veces el gesto, y después se aleja. En casi todas las especies el rito es el mismo. Sin embargo, las palomas torcaces y las tórtolas meten su pico entero en el agua, que aspiran de un sorbo, con pulsaciones en la garganta. Otras, como las golondrinas y los vencejos, retardan un poco su vuelo para beber, rozan la superficie del agua y la rompen en mil arrugas menudas.

El deseo del baño no parece venirle al pájaro más que como impulso secundario, después de haber bebido. En torno suyo, el aire es caliente, el sol cae a plomo sobre la margen. Tentado por el contacto del agua, vacila, sin embargo, y acentúa sus precauciones, pues siente que, dentro de un momento, sus plumas húmedas y sus alas caladas le harán perder velocidad ante el enemigo siempre posible. Inseguro y desconfiado, se mete hasta medio torso en el agua, la hace salpicar con su pico, alarga el cuello a la superficie, pero conserva libres los ojos. Bate las alas, erizado el lomo; su manto se cubre de azogue, y finas gotitas manan y vuelven a caer en luminosa bruma. Una brusca parada le permite, levantando la cabeza, observar las cercanías; después el chapoteo vuelve a comenzar, vigoroso, precipitado, como si los instantes le estuvieran contados al bañista hasta su pesado vuelo hacia el matorral vecino, donde apenas reconocible bajos sus aglutinadas plumas, las alisa cuidadosamente con su pico y las sacude.

El abrevadero ve acercarse a los pájaros, aislados o por parejas, a veces a pequeñas bandadas familiares, pero casi siempre con maneras discretas: fringílidos o aves de pico robusto, comedores de grano y también bebedores notables; aves de pico recto, cuya sed no se apaga con su régimen de jugosas bayas y de insectos. A las rapaces les bastan las carnes sangrientas de sus presas frescas; los habitantes de las grandes extensiones secas y pedregosas, como las alondras, apagan la sed con el rocío matutino y se bañan en el polvo.

Durante la estación calurosa el río se anima, sobre todo por la tarde. A los rayos oblicuos del sol las típulas, insectos de diáfanas alas, trazan sin cesar por encima del agua su línea vertical y dorada de segadores infatigables, y en las pequeñas ensenadas tranquilas, al abrigo del viento, los mosquitos machos embrollan la trama luminosa de su danza. Al compás de su eclosión, las hembras suben hacia esta nube en movimiento y algunas parejas vuelven a caer enseguida en los juncos. Del fondo del río los peces se acercan a la superficie y rompen su calma: gran zambullida del bagre que salta, círculos pronto desaparecidos que forma la boca de la trucha al zamparse a la efímera, línea de salpicaduras trazada por la perca o el lucio que persiguen un piscardo. Más tarde los grandes murciélagos vuelan tan alto, que el sol les da todavía cuando la sombra invade el valle y el autillo lanza su primera llamada.

El otoño marca pronto su proximidad en las orillas. Una lenta descomposición devasta la vegetación de las márgenes, consume las murallas de plantas, alcanza en plena agua las hojas de los nenúfares y las largas cabelleras de las hierbas profundas. El río se deshace. Sus huéspedes estivales lo abandonan uno tras otro: las currucas acuáticas emigran hacia el Sur y las golondrinas no se juntan más que por la noche para cazar en torno de los puentes de los pueblos; el escribano palustre, a pesar de ser sedentario, remonta poco a poco hacia las tierras vecinas. Las mismas gallinetas desertan de las orillas, pues a medida que la vegetación se aclara se sienten menos seguras, y a lo largo de cada orilla corre una senda trillada que el hombre, siempre en busca de víctimas, sigue paso a paso, escudriñando con sus perros los abrigos cada vez menos numerosos. El valle, ahora, no es más que una etapa de descanso para los migradores, como esas lavanderas que vienen a dormir en los cañaverales. Por la noche grandes vuelos rumorosos se abaten sobre los prados; al alba las elevadas siluetas de las garzas reales y de las grullas, las formas macizas de los gansos silvestres se destacan indecisas en la bruma.

Las primeras lluvias fuertes enturbian las aguas, sumergen los pequeños islotes que el verano había descubierto. Por la noche las nieblas se juntan en fina capa blanca sobre los prados ribereños, y luego suben poco a poco, llenando todos los fondos. Visto desde los altozanos, cuando la luna lo alumbra, el valle es una Vía Láctea maravillosa, jalonada por la cabeza de los altos chopos, que surgen, limpios y derechos, de la tupida bruma. Hacia fin de otoño, las crecidas comienzan. El viento empieza a soplar del Oeste, y unas nubes color de estaño viejo suben cargadas de lluvia. Hacia los arroyos, el agua corre o se expande en charcos entre los surcos, pues la tierra, ahora, la rehúsa. Los afluentes han inundado ya sus valles, pero el río apenas crece todavía, limitándose a rozar las márgenes más bajas, enturbiado por el fango amarillento. La corriente es fuerte, y los remolinos la rasgan y los torbellinos abren en ella sus fauces, y tiene la sonoridad de un agua que no está acostumbrada a su lecho y resbala por él ya con murmullos alegres, ya con silbidos de cólera y sordos refunfuños. En una noche las grandes praderas están inundadas.

La nutria, las ratas de agua, han abandonado sus agujeros en las márgenes para ganar los fosos alejados, pero en el centro mismo de la inundación, sobre los tallos de las matas medio sumergidas, toda una multitud de seres, dormidos durante el invierno bajos las piedras de los prados o en los pequeños túneles de la hierba, ha buscado su salvación en la escalada. Entre estos fugitivos los grillos de los campos son los más numerosos, los más vivos y los más despiertos. Precisamente encima del nivel de la corriente, vuelta la cabeza como para examinar la lenta crecida, parecen comprender los dos terribles peligros entre los cuales están presos: abajo el agua que va ganando terreno, arriba el pájaro que puede venir; sin contar el frío, casi tan amenazador como la inundación para su cuerpo blando. También las tijeretas, con sus movimientos inquietos y sinuosos, parecen conscientes del peligro. Por el contrario, aquí y allá unos escarabajos de negro brillante permanecen inertes y estúpidos; otros pequeños coleópteros, de suntuosos élitros verdes, se incrustan, indiferentes y entumecidos, sobre la corteza gris de los alisos, como partículas de metal precioso.

El río extiende su inundación. Ahora, en toda su amplitud, es tal como lo veía el hombre en la edad de la piedra pulimentada. Ha expulsado, destruido, dispersado a los seres que vivían cerca de él. Todo en un pueblo alado, que lo despreciaba cuando fluía sin prisa y transparente entre sus orillas estrechas, llega a él a grandes vuelos atrevidos, libres, en la alegría de extensiones reconquistadas. Son patos o cercetas, reunidos a bandadas, que se posan durante el día en plena agua y buscan alimento por la noche en los fosos vecinos; garzas reales que repliegan lentamente sus alas para aterrizar al borde de los prados. Bandadas de avefrías maniobran muy alto, formando una pequeña mancha negra que destaca sobre el cielo gris. Al atardecer se abaten sobre los bordes de la laguna y parecen un gran jirón reverberante de seda blanca y negra que el viento arrastrase al ras de las praderas.

Los pájaros remontan el valle: unas gaviotas, evocadoras de espacios más vastos y más salvajes, volando sobre la orilla desbordada, toman los mil restos que acarrea; unos zarapitos reales, que normalmente frecuentan durante la marea baja los limos de los estuarios y los peñascos cubiertos por las algas, andan ahora sobre las tierras labradas empapadas por la inundación, y en una de esas puestas de sol que en tiempo de crecida tiñen de violeta oscuro el cielo y el agua, uno de ellos, como si se hubiese extraviado, traza en el aire grandes círculos y lanza de vez en cuando su desolado grito. Así todo se ha transformado en el río y, no obstante, como prueba de la persistencia de la vida confiada y las costumbres familiares, sobre un desnudo ramillete de sauces perdidos en la gran llanura líquida, una reducida familia de mitos comunes, fiel a su albergue de los días más tranquilos, se ha juntado para pasar la noche sobre una rama que la fuerza de la corriente hace doblar.

Los días tempestuosos de inundación traen a menudo en pos de sí, como si la naturaleza tuviese necesidad de equilibrio, una serie de días de buen tiempo. La crecida sube todavía un poco, se queda parada durante algunas horas y después empieza a menguar. Pronto las praderas, manchadas de limo, encierran de nuevo el río. Por la noche el blanco vuelo de las gaviotas se dirige hacia el océano, pues la retirada ha comenzado por las especies del litoral, a las que no basta ya la estrecha cinta del río. A medida que desaparecen, los pájaros de los prados ribereños que el desbordamiento había hecho retirar vuelven a los parajes familiares. De los cerros vecinos y de la llanura vienen otros, atraídos por el rico botín de desechos y menudas presas abandonadas por la inundación. Sobre un recodo de la orilla un centenar de estorninos, prudentes, metódicos hasta en su agitación, exploran el terreno, hunden en el suelo sus mandíbulas entreabiertas, sacan un gusano, una larva. A saltitos, dados con ayuda de sus alas, los que están atrás van pasando sucesivamente a la cabeza de la tropa, que se desplaza así apresurada, rumorosa, englobando un instante en su muchedumbre atareada a apáticas avefrías y cornejas que se pasean a pasos graves. Más lejos unos bisbitas, del color de la hierba hollada, se escurren en una depresión de terreno y se elevan a breves sacudidas lanzando su llamada «ci-ci-ci». Grises lavanderas chapotean en los aguazales; y a su lado una tarabilla, saltando de una mata vecina, viene a posarse sobre las ramitas que sobresalen de las matas inundadas, delicadamente, como si temiese mojarse los negros tarsos y mancharse el blanco cuello.

Así, el río da abundancia a todos aquellos que, de cerca o de lejos, vienen a buscar su alimento en la extensión que deja al descubierto al entrar de nuevo en su lecho. Mas, ¿cuántos le permanecerán fieles cuando el invierno haya venido y el viento del Norte, barriendo el valle, ponga en ciertos días una delgada capa de cristal sobre el agua dormida y endurezca el suelo de los prados? Muy pocos, y, por extraña anomalía, uno de esos amigos de los días aciagos es, en el sudoeste de Francia, una curruca meridional, un cetia ruiseñor, tan friolero que no se remonta hasta el Loira para anidar, mientras que en el Sur su zona se extiende hasta los oasis africanos.

Sin embargo, incluso los grandes charcos que quedan como vestigios de la inundación están helados profundamente en los prados bajos. Parejas de cetias, en lugar de escapar del rigor del tiempo emigrando, se quedan aferrados a los lugares que eligieron en verano; este pequeño pajarito pardo, tan vivo que apenas se percibe un breve instante su blanca gorguera, se escurre en las ramas bajas de los sauces, despliega en sus movimientos bruscos su redondeada cola, emprende un vuelo breve para llevar a la hembra un gusano que ha encontrado y lanza al menor ruido insólito en el paisaje de invierno aquella misma estrofa de reto que dominará más tarde todos los cantos del verano al borde de las aguas. El compañero de miseria del cetia, el bisbita ribereño alpino, es muy diferente de costumbres y de andares. Expulsado por el frío de las altas mesetas donde en la estación de los amores expone, al descender en planeado vuelo hacia su hembra, el rosa pálido de su pecho, emigra hacia la llanura con su sombrío plumaje gris aceitunado, que se aclara un poco sobre la garganta y el vientre blanco sucio puntillado en los flancos de mechones pardos. Solitario, de dos en dos, o de tres en tres, se instala cerca de la corriente de agua que le recuerda sus torrentes de montaña, busca su alimento en las orillas, y posado a menudo sobre una estaca, una rama muerta o una caña rota, con las plumas desgreñadas, parece, con un lento balanceo de la cola, medir la duración de sus días de destierro.

Dos pajaritos de oscura librea y, de trecho en trecho, un martín pescador rezagado son, pues, todo lo que queda de la animación pasada. Sobre el río mismo hay que observar buen rato para divisar aquí y allá un punto que se mueve, un ligero temblor de la superficie: es una pareja de cercetas que vuelve a entrar furtivamente bajo el cobijo de los juncos hundidos, o bien, en plena agua, un minúsculo periscopio levantado revela el cuello delgado y la cabeza fina de un pequeño somormujo, el zampullín chico; medio sumergido el cuerpo, se zambulle dejando una arruga imperceptible.

En el alto valle, allí donde el río tiene sus rápidos, sus rocas a flor de agua, sus agujeros serenos y donde zumba sobre un lecho de guijarros, un pajarito extraño y oscuro, de pecho de blanco satén, el mirlo acuático, ha continuado siendo el alma del río. Su alimento de moluscos y larvas está en el fondo del torrente. Para alcanzarlos no tiene más que sus alas de gorrión, sus patas no palmeadas. Las demás especies acuáticas nadan en la superficie, o bien, tomando en ella un punto de apoyo, se hunden en el líquido. El mirlo acuático pasa del aire al agua como si los dos elementos fuesen un medio homogéneo, pareciendo desafiar las leyes de la densidad. Volando a ras de las olas como un martín pescador de color de hollín, desaparece de repente en el arroyo, recorre su cauce en todos sentidos y después emerge a todo volar. Un momento más tarde está posado sobre las piedras que hacen chapotear la corriente; de un salto de rana, hele ya en el bullir de las aguas, indiferente a la violencia de los rápidos, y cuando se remonta algo más lejos en la blanca espuma, se le tomaría por uno de los negros guijarros que el remanso lava.

El río es lo primero que la primavera toca. La luz de febrero extiende por doquiera sus sorpresas; puede hacer el milagro de apagar el plumaje del martín pescador que está al acecho por el centelleo del agua, la riqueza glauca de las hojas tiernas de los mimbres, el ocre de los líquenes sobre los troncos de los fresnos; después puede hacer, por el contrario, resplandecientes el azul y el verde azulado del lomo del pájaro cuando éste, huyendo, se destaca sobre un fondo claro de tallos de espadaña. Más lejos, el manto aceitunado de los páridos se aviva en la vecindad de los sauces salpicados de estambres dorados. Por todas partes comienza el lento asalto del río por parte de la vegetación que quedaba ahogada bajo su desbordamiento. Las cañas, en cerrados batallones, flotando al viento sus secos penachos, se lanzan al agua, pero no abandonan las orillas. Los iris, por el contrario, tomando pie en el fango, avanzan hacia la tierra firme de las orillas en comunidades de delgadas láminas erguidas, mientras los juncos, en matas claras, arrojan en plena corriente sus puntas finas.

Entonces aparece el andarríos chico. Llega hacia la misma época que las primeras golondrinas, y este mensaje de la estación bella que torna y que aquéllas aportan a las mansiones de los hombres, parece que lo anuncia a las orillas verdeantes y a las aguas, limpias otra vez. Es algo más pequeño que un tordo, esbelto, de pico largo, librea parduzca, y cuando huye encima de la onda silbando varias veces su grito agudo, sus alas atravesadas por una delgada raya blanca baten el aire a vigorosos golpes y luego se curvan un instante, estremeciéndose hasta su fina punta para llevarle a una playa de arena o de guijarros, que recorre a precipitados pasos, saludando con la cabeza, meneando la cola, mostrando a veces el lustroso brillo de su vientre blanco. Mas, ¿qué tiene de extraño y de misterioso el pequeño andarríos de graciosas formas, que diríase participa de dos distintas naturalezas? Pertenece a la misma familia de los correlimos, y es sin duda porque sus actitudes, sus llamadas a la vez melodiosas y salvajes son iguales que las de esos alados infatigables que recorren los continentes en sus migraciones, que arrastra nuestra imaginación, de este valle sonriente y pacífico en que ahora se encuentra, hacia las costas y las grandes extensiones desoladas, inhóspitas para el hombre, donde anidan sus congéneres, hasta el Círculo Ártico.

Llegan otras migradoras. Algunas no hacen más que pasar, como el bello halcón peregrino, que sigue el curso del río con su vuelo de vivos aleteos alternados con deslices en el aire, con la esperanza de que una paloma o una corneja atravesarán el valle. Pero numerosos viajeros se detienen durante algún tiempo. Así, en los prados, esas manchas, brillantes como ranúnculos, diseminadas aquí y allá en la hierba, son pechos de lavanderas. Tres especies están mezcladas: la lavandera de Ray, la lavandera boyera y la lavandera cascadeña; registran con el pico los charcos de agua, andan en zigzag con bellos movimientos ágiles y tranquilos. Después, algo aparte de esa reunión, están unas lavanderas blancas o pajaritas de las nieves, de lomo ceniza claro, cabeza y pecho de un blanco puro que invade la garganta, y nunca de profundo negro. Al lado de ellas, inmóvil y solitario, un hermoso macho de lavandera lúgubre, que se conoce por su oscura rabadilla, descansa un instante para reemprender su viaje hacia el Norte. Al verlas así, todas juntas en un mismo rincón de pradera, resulta difícil decidir cuáles son las más bellas, aquellas que la fresca vegetación de los alrededores acoge como brillantes corolas salidas de su seno, o las otras, que proyecta, por lo contrario, en vivo relieve, con ese contraste de lo blanco y lo negro que tan raro es en la naturaleza.

Las orillas se animan poco a poco, al mismo tiempo que los chopos se cubren de un tinte dorado y que en los prados bajos, las clavellinas rosas y las ajedrezadas sobrepasan los tallos de las hierbas. Pero, ¿qué sería el río sin esas currucas acuáticas que lo han abandonado en otoño para volver a él ahora, y que durante su estancia veraniega no se alejarán jamás de sus bordes? Son sus hijas, adaptadas a la vida en sus bosquecillos de cañas, y sobre el fondo rojo, común a las libreas de todas ellas, el río parece haber arrojado, para hacerlas menos visibles, algo de la sombra que reina en la maraña de la vegetación acuática.

La primera que aparece es el carricerín. El macho se revela enseguida por su canto rumoroso, sincopado, en el cual unas notas llenas y claras se destacan sin cesar sobre la trama de una verbosidad ronca. A menudo está oculto, pero a veces, subiendo a lo largo de un tronco seco, el pajarito de pardo lomo estriado de negro se instala en la cima, muestra su pecho algo leonado, eriza las plumas de la cabeza, tiende el arco blanco de sus cejas y vuelve a su charla; de súbito se interrumpe para ejecutar un corto vuelo planeado, que un segundo macho muy cercano imita al punto, y después los rivales se hunden en las profundidades del macizo. El carricero es muy parecido: ropaje de pardo aceitunado más liso, canto más monótono y menos fuerte, igual destreza de acróbata sobre las cañas verticales e igual vuelo asombroso al ras del agua, en medio del compacto espesor de los tallos, sin tocar uno solo, para acabar en una viva ascensión aérea.

Pero el rey de todas las currucas ribereñas es el carricero tordal, por su talla, como la del zorzal, por la amplitud de su vuelo, desdeñoso de los escondrijos, y por su atrevimiento en exponer en plena vista, levantando el cuerpo, su pechera blanquecina. Llega tarde, a fines de abril, cuando la ligera niebla verde de los tallos nuevos sube desde el pie de los cañaverales, y su canto, cuando resuena por vez primera en las mañanas de primavera, es tan fuerte y tan extraño que uno se pregunta enseguida qué batracio desconocido, de poderoso gaznate, croa en los juncos.

Pobladas ahora por sus currucas acuáticas, las márgenes del río ya no volverán a conocer el silencio. De hecho, todos los visitantes estivales han llegado ya, justo en el momento en que los iris de agua florecen. Por todas partes los cantos de los machos anuncian que las parejas están formadas y que los territorios, esas esferas de influencia en torno de los nidos, más o menos restringidos según el género de vida del pájaro, son objeto de disputas. En el agua misma, entre las sagitarias y los juncos a los cuales está amarrada, la pequeña almadía flotante del zampullín chico contiene ya huevos; en la orilla la gallineta construye su plataforma de plantas acuáticas. En la cerrada espesura de los cañizares, los carriceros fijan tan bien su nido a tres o cuatro cañas, que el viento puede encorvarlas impunemente, mientras que el carricerín y la buscarla prefieren la espesura vecina que el lúpulo salvaje comienza a recubrir. Sobre las pequeñas playas de guijarros, al abrigo de un mimbre, el andarríos chico se construye su nido de hojarasca. En los taludes de tierra de las márgenes, el martín pescador excava su túnel; esos otros hoyos más pequeños de que la pared está acribillada son los de los aviones zapadores que forman colonia. Entre las mismas piedras de los diques, humedecidas por la caída de las aguas, vienen a anidar las lavanderas, y en los prados a lo largo de las orillas los machos de las lavanderas boyeras, tocados de azul, posados sobre los tallos altos rojos de la acedera silvestre, hacen guardia para sus compañeras que empollan.

Sin duda, por todas partes a esta hora la vida es intensa, e incluso sobre las altas mesetas áridas que se extienden más allá de los peñascos escarpados una floración de tintas delicadas de pastel tapiza los terrenos pedregosos. Pero aquí, en el valle, el río corre, amplificando por arte de magia todas las cosas: sobre sus bordes la alegría, la fecundidad y la lucha son mayores que en otra parte alguna; su invierno es más trágico, su primavera más temprana, más fresca, más exuberante; y ahora el río, tranquilo, feliz, corre hacia la mar, que permanece indiferente a las estaciones.

VII

Los tránsitos de la naturaleza

Antes de cada uno de los dos grandes cambios de decoraciones anuales que transforman los aspectos de las cosas y modifican las condiciones de existencia de los seres, la naturaleza parece retardar su ritmo y concederse un respiro. Febrero, a la entrada de la primavera; agosto, que toca ya al otoño, son pausas: las fuerzas vitales toman aliento y se tensan silenciosamente para los esfuerzos futuros.

En ciertas mañanas de febrero, el sol, emergiendo del horizonte, ilumina un instante por debajo la capa lisa de las nubes pálidas, y esparce una luz tan dulce, tan inmaterial, que da a la naturaleza un aspecto desacostumbrado de inteligencia y de finura. Una hora más tarde un cielo de invierno pesa sobre la triste llanura. Todo es promesa, decepción, espera. Ciertos días son tan tibios que las abejas visitan los primeros crocus amarillos. Asombra no ver ya el vuelo de la golondrina, oprime no oír los cantos familiares de la primavera. Pero al atardecer la niebla se extiende por los valles, sube perezosamente al asalto de los oteros. Mañana los árboles surgirán de la bruma helada cargados de escarcha. El invierno posee todavía la tierra.

Un largo periodo de lluvia, de sol intermitente, de hielo y deshielo alternados han hecho palidecer la vegetación: broza espesa de las landas, largas hierbas en cinta de las turberas, altos tallos de los hinojos al borde de los caminos, hojas cogidas todavía a las ramas de los robles, todo es gris, leonado, pálido o pardo, como si la naturaleza, antes de su renovación próxima, quisiese lavar lo que queda de color vivo al paisaje para volver a comenzar su obra sobre un fondo neutro. A ello procede ya a vacilantes toques. En el límite del bosque la cardamina de los prados levanta el espeso manto vegetal que parecía tener que ahogarla y despliega sobre él sus redondeados folíolos. Al lado de ellos surge el tallo verde pálido del asfódelo, aquí y allá, suelto, agudo, como una espada, llevando en la punta un collarete de hojarasca. Una primavera solitaria decora con su pálida estrella el envés de una zanja, y el racimo azul y púrpura de la pulmonaria asoma entre el amplio follaje rugoso manchado de blanco. Al borde de la charca expuesta al sol la ficaria pone sus flores de un luciente amarillo de ranúnculo; sobre el agua negruzca, un solo girino, como una perla de acero pavonado, se afana buscando a sus compañeros y esboza ya, en los círculos que traza sobre la superficie, la alocada danza que luego estará ejecutando con aquellos durante todo el día.

Bajo estas apariencias inciertas, bajo ese dormitar, el empuje de la vida se hace sentir, poderoso y regular, tanto entre la vegetación como entre los seres animados. En las tranquilas veladas, en los bosques, ese incesante crepitar que se oye sobre el suelo es la lluvia ligera de las escamas que cada ranúnculo, al hincharse insensiblemente, destaca de sí mismo semanas antes de la eclosión de las hojas. De lejos la hilera de los chopos parece envuelta desde hace algunos días en un vapor luminoso, y un fuego rojo late en la cima de los olmos. En la superficie de las aguas encantadas flota ya la hueva gelatinosa de los batracios, y en sus profundidades toda una vida se agita, confusa y misteriosa. La ranita de san Antonio, de color verde hierba, y la rana bermeja, que en las mañanas del verano hace caer brincando las gotas de rocío de los tallos de las gramíneas, surgen del fango. El lodo de los pantanos se calienta con su primera fermentación. En el suelo de las praderas, aquí y allá, un túnel oblicuo muestra que el grillo ha trabajado ya en su morada. Por la noche las mariposas nocturnas alzan el vuelo, buscándose para sus amores.

Más alto en la escala animal, se precisan cambios de actitud. Es una bandada de cornejas que pasa, como todos los días precedentes, y se posa, para buscarse el sustento, en la tierra recién arada; pero hoy dos pájaros se destacan de la bandada, se disparan hacia el cielo, como jugando, y vuelven al suelo trazando una larga curva. Sus primos, las grajas, que tienen enharinada la base del pico, puntillean de negro los nuevos surcos, y ciertas parejas parecen entablar animadas conversaciones. Los páridos exploran ya los árboles huecos para el emplazamiento futuro de sus nidos. Cada día el volumen de los cantos aumenta un poco: gritos agudos del humilde trepador, melodía ácida del acentor. Por la tarde, a la caída de la noche, el mochuelo lanza su llamada, después maúlla algo más fuerte que de costumbre. Más tarde aún, una breve queja ahogada, misteriosa, sale a intervalos de los pinares, cortada por un rumor seco y fuerte de alas que dan una contra otra: es el búho chico, que hace la corte a su compañera. Debajo de él, un tejón aporta a su madriguera el musgo y las hierbas secas que servirán de litera a los pequeños.

Por todas partes, entre los pájaros se afirma el individualismo abolido por los tiempos de miseria o los afanes de la migración. Sobre los estanques, etapas de su retorno hacia el Norte, los patos y los somormujos se posan a bandadas de especies diversas más o menos confundidas: el ánade azulón en brillante atuendo nupcial; el porrón moñudo, negro y de costados de plata; silbadores con una delicada armonía de gris perla y marrón rosáceo. Parecen dormir encima del agua, mecidos por las arrugas que hace el viento en la superficie, y después, de repente, se produce en la bandada una agitación, una breve persecución de uno de los pájaros por su vecino. La rivalidad sexual acaba de despertarse entre unos machos que fueron hasta entonces pacíficos compañeros de viaje. Una serreta mediana, centelleante de blancura en medio de una bandada de hembras pardas, se levanta un instante sobre el agua, en actitud amenazadora, en cuanto se le acerca uno de sus semejantes. Un gran somormujo, que dormitaba, eriza bruscamente su bella melena rubia y se precipita para atacar por sorpresa a uno de sus hermanos migradores.

Estos gestos parecen insignificantes, pero, en esta estación más que nunca, actos apenas bosquejados revelan tendencias profundas. Así la primera aparición de un pinzón macho, de un escribano soteño o de un verderón sobre un árbol o una mata es un hecho notable, el principio de una serie de actividades complejas que aseguran la reproducción de la especie. Cada uno de esos pájaros depende de una de las bandadas que forman en otoño muchas de nuestras especies sedentarias, y que andan errantes todo el invierno, ocupadas en buscar alimento durante las breves horas de la jornada. En la bandada la disciplina es la misma para todos, desde el alba, que los encuentra dispuestos a ganar juntos los pastos, hasta que vuelven a entrar juntos en su cobijo. Pero una mañana de febrero uno de los machos, abandonando a sus semejantes, ha emprendido el vuelo hacia un punto al cual le liga un recuerdo del pasado año. Allí, aislado, bien a la vista, balbucea un instante las notas de su especie, y después se reúne con sus compañeros. Las jornadas siguientes volverán a llevarle a ese sitio. Prolonga la visita, pero vuelve todavía al grupo. Y es que en aquella hora vacila entre el instinto de asociación y una necesidad de aislamiento, que se agranda con el impulso sexual. Así, frente a otros machos de la especie, su actitud en esta estación es doble: vive en buena inteligencia con ellos en la bandada y se vuelve agresivo desde el momento que ha ganado su retiro. En efecto, si la sociabilidad continúa siendo una tendencia profunda de su ser, sin embargo, y a fin de proveer a las necesidades de la futura pollada, tiene que asegurarse, por privilegio del primer ocupante, la posesión exclusiva de un territorio. Por esto antes de que marzo haya hecho verdear los sauces, la avefría en la pradera, el escribano palustre en el islote del río, el gorrión chillón en la cima del nogal, vienen a aislarse durante algunas horas en el punto que han escogido para el nido futuro, esperando que sus compañeras, guiadas por sus voces, se les juntarán. La formación por bandadas, que respondía entre muchos de los pájaros a las necesidades de la estación, pronto habrá caducado para dar lugar a la formación de parejas.

En este momento mismo, en las tierras de su invernada, nuestros visitantes de verano se ponen en camino hacia nuestras regiones. Las currucas capirotadas van a dejar las mimosas floridas, los naranjos y la larga cabellera de los falsos pimenteros del África para venir a coger en nuestros bosques desnudos las bayas de la hiedra. Entre los olivares, nuestras pajaritas de las nieves siguen los surcos estrechos que traza en torno del árbol sagrado el arado del árabe. Entre las patas de los flamencos rosas puestos en fila, los pequeños chorlitejos patinegros de los guijarrales del Norte corren hacia los fangos de las aguas tunecinas. La abubilla, que vendrá en breve a buscar las larvas de nuestras praderas húmedas, se posa ahora entre las magras motas de la hierba que pacen los camellos de las tierras desérticas. En los oasis, a lo largo de los *uadis*, las golondrinas persiguen a las moscas y los mosquiteros revolotean bajo las palmeras datileras. Todos se aprestan a atravesar el Mediterráneo, camino del Norte.

Seis meses más tarde, agosto esparce su sequía dura y polvorosa. Sobre una trama de tonos marchitados por el sol, la vegetación, que reinaba hace poco soberana, se ha recogido sobre sí misma, concentrándose en masas sólidas, compactas, como para resistir a un último asalto: bloques duros y netamente recortados de las viñas, largas manchas oscuras de los bosques, filas de chopos que siguen el valle. Las flores se han hecho más raras a lo largo de los caminos. Sin duda las grandes extensiones de brezo, que no habían querido aceptar de la primavera más que un poco de verde fresco, flamean ahora, pero en otras partes el brillo de las extensiones de ranúnculos, de amapolas y de margaritas ha dejado su lugar a armonías más graves: azul oscuro de los campos de alfalfa florida, púrpura de los altos tallos de salicaria en las tierras pantanosas, gris de sal de las umbelas de la zanahoria silvestre.

Agosto es también el mes silencioso. El coro de los grillos se atenúa en las praderas. Menguadas estridulaciones, las de las langostas que frecuentan los matorrales, han sustituido a las vibraciones frenéticas de la cigarra. El piar y las llamadas breves son casi todo lo que queda del gran concierto de los pájaros. En las charcas medio secas, un croar, repetido a intervalos irregulares, rara vez encuentra eco.

En realidad esta estación cubre, bajo su lasitud aparente, transformaciones profundas. Una vida nueva anima los árboles y los arbustos: el empuje de agosto, modesto y sin ostentaciones de color, viene a acumular en sus tejidos el complemento de reservas necesario a la vegetación antes del invierno y a reparar las devastaciones de los insectos. Robles, olmos y manzanos, despojados en todo un país por mariposas y palomillas, se recubren ahora de nueva vegetación; la última generación de los devastadores de follajes la dejará en paz para asegurarse ya buenos abrigos para la estación mala. En cambio, en la somnolencia de los días de agosto se prepara el asalto de las especies ávidas de los frutos que maduran en los vergeles y en las viñas: respaldados en los terraplenes, los nidos de avispa ven hincharse su población, y los de los bellos avispones cobrizos, en los huecos de los árboles, tienen cada día más pisos de celdillas. Hay en el pulular de ciertas formas de esta estación como una fiebre de asegurar su dominio por el número antes del próximo apareamiento. Así es que, en los años que le son favorables, el saltamontes italiano de alas rosadas lanza a lo lejos sus grandes invasiones. Sobre la brisa, esos millares de invisibles navecillas de gas impalpable llevan minúsculos viajeros: es la migración de esas pequeñas arañas cuyas finas telas irisadas, tendidas sobre las matas y la hierba de las chozas, se revelarán en el rocío de la alborada.

Sin duda los cambios graduales debidos a la estación, la superabundancia o la disminución de las presas o de los granos favoritos deben afectar a los pájaros, que son los más móviles de los seres y los más sensibles a las variaciones del medioambiente. Pero, ¿basta esto para explicar que, cuando agosto dispensa todavía tan generosamente el abrigo y el pasto de los bosques, donde la vida alada abundaba hasta hace poco, sus huéspedes habituales hayan desertado? ¿Dónde están, en las colinas abrasadas por el sol, los pardillos, o la pequeña tarabilla que desde lo alto de un hilo del telégrafo, asomando su cabeza negra fuera del cuello blanco, os miraba pasar por el camino? ¿Qué se ha hecho del escribano hortelano que cantaba bajo los rodrigones de las viñas, y del hermoso alcaudón dorsirrojo? ¿Qué causa ha podido hacer desaparecer al zorzal charlo, cuyas parejas estaban tan fuertemente aferradas a su rincón de oquedal?

Lo que sucede es que ha tenido lugar en la vida de los pájaros una revolución profunda. Obligados a permanecer durante semanas seguidas en el lugar en el que la pollada reclamaba sin cesar, desde el alba al crepúsculo, sus idas y venidas entre el nido y los pastos, los padres han roto esta esclavitud tan pronto como los jóvenes han sido suficientemente fuertes para seguirles. Nada les liga ya a ese territorio cuya posesión ha causado tantas rivalidades entre las parejas. La oropéndola volverá alguna vez por la mañana a silbar en el pequeño robledal donde su nido estaba suspendido a una horca de ramas, como si abandonase de mala gana esos parajes, pero las más de las veces la marcha es definitiva hasta la estación próxima, pues una nueva existencia ha comenzado: los padres se han llevado a los jóvenes fuera del lugar que les vio nacer, hacia los puntos donde la subsistencia está a su inmediato alcance y donde va a perfeccionarse su educación. Así es que las polladas de los estorninos, nacidos en los bosques lejanos, buscan ahora su alimento entre la hierba corta de las praderas segadas, y que los pinzones de nuestros huertos pasan silenciosamente, a pequeñas bandadas, sobre la bóveda de los altos oquedales, en busca de insectos. Los rastrojos en que abundan las semillas maduras se pueblan de pardillos, verderones o serines nacidos en las viñas, los vergeles o los setos. Una nueva distribución tiene lugar, que modifica a menudo el género de vida del pájaro, le hace abandonar el bosque por la tierra descubierta, el otero por la llanura. Es la gran diseminación anual, que afecta a jóvenes y adultos, mezcla para cada especie los individuos de las regiones diversas y los esparce en todos sentidos, asegurando a la par que el mantenimiento del tipo, una repartición más igual para la primavera próxima.

Ya se bosquejan las bandadas, pues la comunidad de alimentación y de costumbres ha acercado a las familias de una misma raza. En efecto, la vida social tiene para muchas especies ventajas tanto más grandes cuanto más duros son los tiempos: al individuo que ha descubierto un rincón de abundancia se le juntan enseguida sus compañeros; el que ha visto el vuelo del ave de presa lanza entre la tropa el grito de alarma y alerta. Se forman bandadas: a centenares, los trigueros vuelan juntos al ras de los cañaverales con un dulce cloqueo, y los gorriones molineros se lanzan contra los setos vivos, mientras sobre los barbechos los jilgueros reunidos entrechocan sus alas amarillas y negras.

Agosto, que ve efectuarse en silencio estos grandes movimientos, reviste también a los mamíferos de un pelaje más espeso, y da a los pájaros su plumaje de invierno. ¿Por qué esa prisa en el sopor de los días cálidos? Pero, hacia el fin del mes, el helecho amarillea, la cima de un olmo se enriquece con una placa de oro, el primer cólquico malva florece en un prado bajo, y sobre un sauce una ranita de san Antonio croa ante la lluvia que amenaza. Entonces comprendemos que nada era prematuro, y que el otoño ha llegado ya.

VIII

La migración de otoño

Del verano al invierno, de noche como de día, en tiempo favorable, millares de alas atraviesan el cielo, a menudo hasta perderse de vista, rozan las copas de los árboles, las matas y los setos o pasan al ras de la superficie de los mares. Abandonan el país natal, la región de los nidos, y llevan una misma dirección general: el Sur. Es la migración de otoño, que se presenta a nuestra vista bajo un triple aspecto: partida de nuestros visitantes de verano; paso, camino de las tierras soleadas, de los pájaros que han anidado en el Norte de nuestras regiones; finalmente, llegada a nosotros de las especies del Norte que vienen a invernar en nuestro Occidente europeo. Pero la naturaleza no admite estas divisiones demasiado netas, cómodas a nuestro espíritu, y el gran movimiento estacional se desarrolla en el desorden aparente y la confusión con que se manifiestan a nosotros las fuerzas elementales que rigen la vida de los seres.

La migración ha comenzado antes de que nosotros nos hayamos dado cuenta. Es a fin de junio, al comenzar el verano: la hembra del cuco deposita todavía en los nidos de otras especies de pájaros su huevo parásito, y la doble nota de los machos, que se querellan a pesar de la próxima partida, resuena hasta en la noche. Bruscamente todos desaparecen. Un mes más tarde nos abandonan los vencejos. En los días más largos, dan vueltas como locos al ras de los tejados de las ciudades, y sus gritos agudos rasgan el silencio de la noche cálida. Después, en cuanto los pequeñuelos han salido del nido, los misteriosos pájaros se elevan tan alto, al ponerse el sol, que diríase que pasan la noche en el aire. A fin de julio su número se ve repentinamente reforzado por otras bandadas y el cielo está surcado en todos sentidos por alas en forma de hoz. Dos o tres días más tarde no queda ninguno. Pronto, nuevas partidas. Es la abubilla, que viaja en parejas o aisladamente, sin que nada en sus maneras delate la prisa: se posa, en busca de sustento, en los prados y los rastrojos, o sobre el lindero de un camino despliega y repliega su bella cresta leonada, y después se eleva con su vuelo onduloso y sutil. El escribano hortelano, que cantaba su frase monótona en pleno mediodía, sobre las cepas de las viñas, nos abandona, sin ruido, en su librea modesta, y la oropéndola, que tanto llama la atención por su plumaje resplandeciente, desaparece misteriosamente.

¿Por qué esas marchas precipitadas cuando los días son bellos y el alimento parece todavía abundante? Es que cada especie tiene por base de su alimentación tal insecto o larva que ha de encontrar para vivir en todo el transcurso de su migración. En ciertos puntos, el avance del otoño o la sequía del estío han hecho retardar ya las eclosiones de las moscas, de las hormigas aladas, de los gusanos. Al contrario, sobre las mesetas y las montañas por encima de las cuales los viajeros van a volar y donde la altura ha retardado la vegetación, sobre las costas que siguen a lo largo, en los valles frescos que atraviesan, las presas favoritas abundan aún. Más al Sur, en el litoral africano, las lluvias del equinoccio van a hacer reverdecer la tierra y a despertar la vida. Esas bases de abastecimiento que se escalonan así desde los países de los nidos hasta las regiones de la invernada, el pájaro ha de alcanzarlas sucesivamente, a una hora propicia. Así, la experiencia de las generaciones, acumulada por la herencia, señala para cada especie la hora de la partida y fija las rutas de migración.

En agosto, el movimiento se acentúa: muchos de nuestros cantores del verano se ponen en camino, viajando aisladamente, a menudo de noche. En pleno día apenas les vemos. Ese rasgo leonado o rubio pardo, sobre un camino en hondonada, es el vuelo del colirrojo tizón o el del ruiseñor ocupados en cazar insectos, entre una y otra etapa de su camino, y nada queda de su voz sino una llamada. La rumorosa tribu de las currucas, los carriceros que jugueteaban en los cañaverales, pasan, invisibles y en silencio. Los mosquiteros, esas pequeñas aves verduscas de pico recto, cuyos cantos o gritos animaban el monte bajo y los oquedales, se escurren ahora entre las matas, nerviosos y furtivos. En muchas de esas especies insectívoras los individuos viajan solos, pero adoptan más o menos un orden de marcha: los jóvenes son a menudo los primeros que parten en la larga ruta, y los adultos les siguen a algunos días o semanas de distancia.

¿Cómo el pájaro de la estación, que realiza por vez primera la migración, puede aislado, sin guía, sin punto de partida en su memoria, hallar su camino en lo desconocido? Sucede que esta gran cantidad de individuos solitarios, procedente de tal especie en migración, es en realidad una inmensa tropa que viaja en orden muy disperso: de los que han partido primero a los que han salido en último lugar, a través del espacio no se ha roto jamás totalmente el contacto, y entre todos el mismo impulso innato de emigrar en otoño crea esta comunidad de pensamiento que en ciertos momentos hace de una multitud de la misma sangre un solo ser. Así razas enteras, sobre todo entre los páridos, son arrastradas, sin vacilaciones y sin errores visibles, hacia sus habituales cuarteles de invierno. En otros, por el contrario, como las gaviotas, los correlimos y los chorlitos, el impulso del instinto viajero provoca extrañas reacciones individuales. Por ejemplo, en una pollada de avefrías criada en los pantanos de Inglaterra, uno de los jóvenes irá a pasar la estación mala en las praderas francesas, mientras que otra de sus hermanas alcanzará el África y una tercera no se apartará más que una breve volada del lugar de su nacimiento.

Hasta ahora decenas de especies se han deslizado hacia el Sur; sus olas de migración arrastran no solamente a las parejas que se han reproducido en nuestras regiones, sino también a aquellos que han anidado en el Norte, empujando por delante a los jóvenes de la estación. Sin embargo, hemos ignorado la amplitud del movimiento, ya que no su existencia misma. Ya desde hace algún tiempo los cantos habían cesado a nuestro alrededor, detenidos por la formación de las polladas y por la muda. Esas voces que se extinguían una tras otra en las cálidas jornadas de julio semejaban ya despedidas, y la desaparición del migrador silencioso, frecuentemente viajero nocturno, ha pasado desapercibida.

Se necesita para llamar nuestra atención el hecho nuevo, la presencia desacostumbrada. Así, la irrupción numerosa, en nuestros campos y en nuestros vergeles, de los pajarillos que van hacia el Sur, es a nuestros ojos un signo bien claro de los grandes desplazamientos de otoño. La primera es la tarabilla. Es de modesto aspecto en su librea leonada clara, más oscura en el manto y con algo de blanco puro en el arco de las cejas y en la base de la cola desplegada. Apenas nos daríamos cuenta de ella si por doquiera que su breve vuelo la lleva no eligiese para posarse un punto culminante: el extremo del pie de maíz, el ramo de flores amarillas que se abren en la extremidad del largo tallo de aguaturma o la ramita más alta de una mata de endrino; apenas se ha posado allí, cuando sus alas palpitan ya para el próximo vuelo. La sigue el papamoscas acollarado, que nos llega de los húmedos bosques del Norte, en sus sombrías plumas de viaje, pardo negruzco debajo, blanco sucio sobre el pecho. Se instala por unas horas en la linde del bosque, en los jardines, en los setos vivos. Posado sobre una ramilla, agitando sin cesar las alas y la cola con movimientos bruscos, acecha la mosca que coge al vuelo o se lanza al suelo en pos del insecto que su ojo negro ha visto moverse sobre una brizna de hierba, y después vuelve a su observatorio. Semanas seguidas, sin prisa, a pequeñas etapas, el papamoscas va emigrando, y su llamada, un «fli» agudo, repetido aquí y allá por sus semejantes, se extiende por las tardes cálidas. Después, tarabilla y papamoscas desaparecen a su vez y parecen llevarse consigo, en su paso entre siegas y vendimias, el verano que toca a su fin.

Las golondrinas se reúnen y, en las alboradas ya frescas, calientan sobre el tejado de las casas sus cuerpos frioleros a los rayos del sol. Al ver a las tres especies mezclar su vuelo de caza por encima del río, trazar sin descanso curvas aéreas, perseguir a los insectos, diríase que el viaje es para ellas un juego. En realidad su vuelo en línea recta es muy lento, una cincuentena de kilómetros por hora, y necesitarán múltiples etapas, en pequeñas bandadas, para llegar a su invernada en el África.

Septiembre ha llegado, y la migración se realiza ahora más al descubierto, a bandadas numerosas, en apretadas olas. Las codornices se abaten de noche en la llanura que abandonarán al declinar el día o muy de mañana, para abordar enseguida, con sus pequeñas alas remeras, la travesía del Mediterráneo. Desde los cañizares se levantan en tropas las tórtolas, de graciosas y fuertes alas, moviendo el cuerpo con un ligero balanceo. Más altos pasan los sisones, y su grupo, que rema en el aire a golpes vivos y silbantes, se contrae y se extiende sucesivamente. Los patos, por el contrario, viajan sin vacilación, como si cada individuo tuviese su punto de mira en el horizonte y se dirigiese allí con vuelo derecho, que se diría acelerado por su incesante esfuerzo para restablecer el equilibrio, comprometido por el largo cuello extendido hacia adelante. A saltos aéreos, las lavanderas cascadeñas pálidas o abigarradas de negro y blanco siguen un camino indeciso, atraídas por los ríos que les ofrecen las pequeñas ensenadas arenosas propicias a los alegres baños de la tarde y los cañizares como albergue nocturno. Al ponerse el sol, la comunidad de las palomas torcaces, cansada de un largo vuelo, gira un momento en torno del bosque elegido para pasar allí la noche y se deja caer pesadamente sobre los árboles.

Muchas especies, en su viaje, adoptan una formación de vuelo. Esta formación apenas está bosquejada entre las avefrías, cuya tropa se estira a veces en línea incierta y flotante, ya negra, ya centelleante, según en las evoluciones queden expuestos los ropajes sombríos o las pecheras de satén blanco. Los bisbitas avanzan a menudo en un frente muy desplegado, como una nubecilla de lentejuelas parduzcas que el viento empujase por el cielo de otoño. Los chorlitos dorados, los gansos, las grullas, adoptan disposiciones de vuelo más rígidas, en v invertida, ensayos de proezas aéreas: el pájaro que va a la cabeza, rasgando el aire, se ve poco a poco distanciado y relevado por uno de sus compañeros más dispuestos.

El movimiento es ahora intenso, tanto sobre el mar como sobre la tierra. En primavera, la muchedumbre de los pájaros de ribera había remontado, para anidar allí, hasta el Círculo Ártico, y muchas especies marinas se habían retirado a los islotes salvajes y los acantilados abruptos, donde se reproducían en grandes colonias. En otras partes, en verano, la superficie del mar parece despierta, pues sólo quedan en las costas algunos individuos no acoplados. Poco a poco esta gran soledad va a repoblarse. Los charranes, blancos y grises, escrutan, entre el batir elástico de sus alas afiladas, la superficie del agua, que puntillean de negro, a trechos, las bandadas de negrones que danzan siguiendo el oleaje. Las gaviotas y láridos trazan sobre la dorada arena la línea de sus pechos de plata. Sobre las playas y los bancos rocosos descubiertos a la marea baja, los zarapitos trinadores marchan a pasos atareados y precisos, hundiendo en el cieno o en las algas su largo y curvado pico. Muy alto, en el cielo, una pequeña bandada negra evoluciona con movimientos de conjunto; se la pierde de vista un instante y sólo se oye una llamada entristecida, emitida por uno de los pájaros; luego la bandada reaparece, esta vez rosada, iluminadas todas las alas por el sol que se pone. Son los archibebes, vanguardia de la multitud de los correlimos, veleros infatigables y que por algún tiempo vendrán a posarse sobre los barros coloreados de mil reflejos de nuestros estuarios.

Por encima de las tierras, que blanquean ya en ciertos días las heladas matinales, y por encima de los mares agitados por las primeras tempestades del otoño, va corriendo la migración, ya en delgado hilillo, ya en amplia corriente. En su conjunto nos aparece como el resultado de una fuerza ciega que obra sobre colectividades, arrastrándolas por su bien lejos de las regiones que el invierno vuelve inhóspitas. El individuo está anegado en el número y apenas cuenta. Los íntimos resortes de su acción, los medios de que se vale, los peligros que corre, se nos escapan en este espectáculo de legiones aladas que dos veces al año oscilan entre los polos terrestres.

El instinto que le impulsa, ¿tendrá su origen en una realidad biológica que le constriñe? El pájaro, poco antes de su migración, está inquieto, agitado. Si se ven cautivos, se lanzan frenéticamente contra los barrotes de su jaula y mueren de no poder obedecer al imperioso mandato. ¿Hay que ver en esto un tropismo, una aspiración irreprimible del organismo hacia un elemento necesario para la vida? Por ejemplo, entre los peces, el salmón remonta desde el mar hacia las fuentes por el oxígeno que éstas contienen y que le es indispensable en el momento de desovar; la anguila emigra de nuestros mares y nuestros ríos, a través de un océano, hacia el Golfo de México, para encontrar allí una temperatura y una presión de agua salada que son las condiciones mismas de su reproducción. ¿Es parecido el caso para el pájaro migrador? ¿En qué medida su sangre y su temperatura interior están afectadas por las estaciones? Ninguna respuesta cierta cabe dar a estos enigmas.

De igual manera el sentido de orientación, tan desarrollado en el pájaro, nos parece inexplicable. Es un sentido que nuestra humanidad civilizada ha perdido. Nuestros animales domésticos lo poseen todavía. ¿Habrá que creer en ondas magnéticas gracias a las cuales el migrador que las percibiera pudiese hallar su dirección? Nada hay que lo pruebe, y, sin embargo, cuando las grullas buscan su camino a través de una bruma opaca, describen en el aire grandes círculos que se deforman en punta en el momento en que alcanzan la línea de dirección normal de su carrera, como si en ese instante preciso unas misteriosas antenas hubiesen captado vibraciones que proporcionan la pista. Sea lo que sea el sentido de orientación, el de la vista está en estrecha relación con él, puesto que la niebla hace extraviarse a los viajeros y los lanza en masa contra las luces de los faros, que saben evitar en las noches estrelladas o cuando la luna brilla.

Si tomamos al pájaro en su punto de partida, tiene el inmenso espacio a recorrer, y como entorno ambiental para apoyar sus alas fuertes o débiles, el aire animado de corrientes que varía con la elevación. La temperatura, el viento, serán sus ayudantes o sus antagonistas. Nos inclinamos a dotarle de presciencia, a hacerle anunciar, por su paso más o menos rápido, el rigor o la dulzura de la estación próxima. En realidad, los frecuentes desastres de la migración prueban que el pájaro no prevé; pero su organismo, sensible a las menores variaciones de los elementos, reacciona enseguida. Elige un tiempo sereno para ponerse en camino; el anuncio de perturbaciones apresurará su partida.

Si la brisa es débil, de cualquier parte del horizonte que sople, continúa dueño de su camino. Tomando altura desde su arranque, se encuentra pronto fuera del alcance humano; por esto, aquello que de la migración perciben nuestros ojos no es las más de las veces sino la franja inferior, obligada a acercarse al suelo por dificultades de ruta o por la necesidad de subsistencia o de reposo. Hasta los mil metros el aviador que se eleva ve pasar la masa principal de viajeros; a dos mil, encuentra todavía bandadas aladas; a cinco mil, sólo los buenos veleros, como los chorlitos y los correlimos, le acompañan un instante. A todos los niveles la velocidad normal del migrador, que puede variar según las especies desde veinte hasta ciento cincuenta kilómetros por hora, se ve en gran manera aumentada o disminuida por la de la corriente aérea que le lleva o le opone resistencia.

En esta estación de otoño es frecuente que desde el Atlántico hacia el norte y el noroeste de Europa las presiones bajen. Los vientos moderados que soplan, para neutralizarlas, del sur y del sudeste, y que tocan al viajero de cara o de costado, llevarán sobre sus soplos tibios a los grandes ejércitos migradores. Por el contrario, cuando se forma una depresión en el centro del continente, llamando para calmarla a los vientos fuertes del oeste, el movimiento se ve enseguida detenido por este violento empuje lateral.

Las más de las veces el viajero, que salió en condiciones favorables, deberá penetrar en las zonas perturbadas. Acosado por un ciclón de marcha lenta, podrá adelantarlo, utilizando el soplo precursor de la borrasca y rectificando lo mejor posible la deriva por la posición de su cuerpo. Si la tempestad sube hacia él o, marchando con él, le gana en velocidad, desciende su vuelo y busca refugio en tierra, a menos que, barrido hacia alta mar, encuentre como último recurso la isla lejana que a menudo invaden multitudes extenuadas, o incluso el puente de un barco. Pero millares de pájaros, que no encuentran este refugio, mueren todos los años. Los jóvenes, sobre todo, son más fácilmente arrastrados fuera de su ruta y están más expuestos a los ataques de los rapaces que siguen la marcha de las muchedumbres aladas, acechando a los débiles y a los imprudentes. La experiencia de la migración se adquiere, en efecto, y el segundo viaje se efectúa más fácilmente.

Noviembre ha despojado nuestros bosques. Las primeras chochas, llevando en su plumaje los colores de otoño, se posan, fatigadas, sobre la alfombra de hojarasca y en los helechos rojos. La ola migradora retarda su marcha, pero el norte o las altas regiones nos envían ahora las especies que les son propias y que parecen no abandonar más que a disgusto su país natal, expulsadas por el exceso de frío. Desde hace ya algún tiempo unos tordos más oscuros que los nuestros, venidos de las Islas Británicas, buscan en las viñas los granos que los vendimiadores han olvidado.

Ahí tenemos a los zorzales, de librea igual pero fáciles de reconocer por sus costados rojizos y su llamada más líquida. El hermoso zorzal real, gris y marrón, hará oír su «tia-tia» vigoroso en lo alto de los chopos. Los lúganos verdosos se abaten en locas bandadas sobre la cima de los alisos, en medio de una algarabía de notas alegres. Los pinzones reales aparecen, y en sus tropas se reconocen los machos por sus blancos lomos y el leonado ardiente de sus pechos. Desde los Alpes, desde el Macizo Central, descienden hacia las llanuras los habitantes de las regiones altas: el bisbita alpino, el mismo que en su delicada librea de bodas gris y blanco rosado se dejaba caer cantando cerca de su compañera sobre los prados floridos de los montes y que, vestido ahora de pardo y de ceniza, va a invernar al borde de las aguas; el carbonero garrapinos de jaspeado casco y, más raramente, el herrerillo capuchino de moñito negro y blanco, explorador de los pinos como aquél. Estas especies pasarán con nosotros la estación fría, enviando contingentes más al sur si por acaso sobrevienen grandes heladas.

Al margen de la migración regular, ciertos años, en otoño, se producen en nuestro país irrupciones de formas extrañas: el piquituerto lorito, habitante de los bosques de coníferas; el cascanueces rechoncho, de color pardo puntillado de blanco, llegado del centro de Europa; el ampelis europeo, de ropaje vinoso, marcado en el ala con una plaquita luciente de rojo vivo; y otros nativos de Escandinavia, perdices rojas de las estepas rusas color de arena. Una serie de años favorables a la reproducción de todas ellas, en sus países de origen, ha aportado un exceso de población de esas especies, que se han desparramado a lo lejos para la conquista de nuevas zonas. La mayor parte de las veces esas tentativas están condenadas al fracaso, y a excepción del ampelis europeo, los exploradores no sabrán siquiera hallar el camino que les retorne a su patria.

Los últimos migrados han pasado, continuando su ruta bajo un cielo más claro, hasta su región de invernada. Aquí no quedan ya más que movimientos locales, de los cuales participan incluso las especies que nosotros llamamos sedentarias. Los páridos vagan en tropel a través de los bosques, descienden de la montaña a la llanura. Entre los petirrojos, que nos parecen los más domésticos de los pájaros, algún individuo quedará aferrado todo el invierno a su rincón de huerto, mientras que su vecino del pasado verano, abandonando un lugar demasiado poblado por sus semejantes en el momento en que el sustento disminuye, se irá lejos. Una ola de frío, una nevada harán deslizar más al sur o al litoral, buscando un clima más benigno, las bandadas de alondras o de grajas. El avefría, resignada, con el cuello metido en su pechera blanca, espera todavía que el breve deshielo del mediodía haya ablandado un poco el suelo de las praderas. Los zorzales se obstinan en hurgar entre las hojas muertas que el viento ha reunido en las depresiones de los prados. Todavía unos días de cierzo helado, y todos los que no pueden vivir de semillas o de bayas, sino que están obligados a buscar alimento en el suelo, tendrán que partir para afrontar el hambre y la muerte, pues el frío llega, aprisionando ya en su hielo los estanques y arroyos. Entonces aparecen, en los inviernos crudos, en nuestras llanuras del sudoeste, viajando sobre el gran viento del norte que parece empujarlos delante de sí, el bello tarro, que lleva sobre su ropaje blanco puro y negro profundo un cinturón rojo ardiente; las serretas, nadadoras de cuerpo sumergido, y la barnacla blanca y negra, vestida de medio luto; entonces el amplio vuelo del cisne cantor acaba de abatirse sobre nuestras aguas libres. Unos días de espera, y todos habrán desaparecido.

Nuestros visitantes de verano se han desparramado ahora por el sur de Europa y por los continentes vecinos, donde cada especie se ha extendido más o menos vastamente. Así es como la curruca capirotada, que ha quedado en gran número por el contorno de la cuenca mediterránea, se ha adentrado también hasta el África. Algunas de nuestras golondrinas han avanzado hasta el Cabo de Buena Esperanza. Madagascar recibe la punta extrema de nuestras oropéndolas y de nuestros vencejos. La hermosa cerceta carretona, que habita en los ríos europeos, envía su vanguardia hasta el sur de Asia y hasta las Filipinas. De esos andarríos chicos que rozan durante el buen tiempo la superficie de nuestros ríos lanzando sus agudos gritos, algunos irán a Australia. El correlimos gordo o playero ártico, que se posa sobre el cieno de los estuarios y cuyas multitudes anidan tan lejos, en la Groenlandia ártica, que apenas si conoce la región que la vio nacer, tendrá que recorrer diez mil kilómetros para invernar en el sur africano. Es verdad que son veleros fuertes. Mas su proeza la superan nuestras currucas que, a pesar de la desventaja de sus alas cortas, llegan hasta la zona tropical; la abubilla, de vuelo blando y onduloso, que se encuentra hasta en la India; y el rey de codornices, que parece apenas poderse levantar del suelo ante el cazador y que, sin embargo, pasa el invierno en África.

¿Qué existencia llevan los migradores en esas comarcas lejanas? Podemos juzgar de ella por la que aquí llevan nuestros visitantes de invierno venidos del norte: una vida errante, determinada por la busca de sustento; estancias prolongadas en los puntos propicios. Las especies sociables mantienen más o menos la solidaridad del grupo. Al azar de los desplazamientos, algunos individuos, que al marchar formaban parte de una bandada, se juntarán a otra, seguirán su suerte y no volverán ya más a su país de origen, contribuyendo así al mantenimiento del tipo de la especie por la fusión de los caracteres de las razas locales.

Unas parejas permanecerán unidas, tales como esos mosquiteros a los que se ve cazar insectos de dos en dos por los setos de chumberas que bordean los caminos árabes.

Los migradores son silenciosos; sin embargo, del mismo modo que el zorzal real nos hace oír su voz en los más bellos días de marzo, tal vez los primeros cantos de la primavera en Europa, fragmentarios sin duda e imperfectos, resonarán en la maleza africana. Sea como fuere, no habrá en las tierras de invernada ni bodas ni nidos. Desde luego, el viaje ha llevado semanas y las etapas son numerosas. Poco después de haber alcanzado su objetivo, los migradores, si no tienen alas muy fuertes, tendrán que emprender el camino de regreso. Un impulso profundo les ha forzado ya a ello, pues para todos hay en alguna parte del norte un rincón que no se borra jamás de su memoria. Será tal vez un verde altozano, una cavidad entre las rocas en Groenlandia, la del breve verano bañado por la luz suave de los días sin fin, una charca en las tundras rusas, un grupo de abetos en los bosques suecos; o bien es un arroyo en el *moor* escocés, unos pedregales en la montaña, un rincón de clara pradera francesa. Por los caprichos de los climas templados, ese lugar de elección podrá blanquear con las heladas matutinas, envolverse en nieblas; será destemplado bajo la lluvia, barrido por los vendavales; la vida, allí, en ciertos días, será dura, pero es la tierra natal. Desde los valles y pantanos tropicales, desde los palmerales de África o de Asia, a pesar de todo lo que podría retenerles, lujo de la vegetación, abundancia de pastos, fuerza del sol, los migradores han oído la llamada de los nidos, y sus alas les llevan ya hacia él.